收纳整理

亲子间的沟通密码

〔日〕梶谷阳子　〔日〕梶谷一花　著　孟祺　译

中国妇女出版社

Original Japanese title: OYAKO NO SEIRISHUNOU

Copyright © 2021 Yoko Kajigaya, Ichika Kajigaya.

Original Japanese edition published by G.B. Co. Ltd.

Simplified Chinese translation rights arranged with G.B. Co. Ltd.

through The English Agency (Japan) Ltd. and Qiantaiyang Cultural Development (Beijing) Co., Ltd.

本书中文简体字版权归中国妇女出版社有限公司所有

著作权合同登记号　图字：01-2022-4362

图书在版编目（CIP）数据

　　收纳整理：亲子间的沟通密码 ／（日）梶谷阳子，
（日）梶谷一花著 ；孟祺译. -- 北京 ：中国妇女出版社，
2023.1
　　ISBN 978-7-5127-2108-1

　　Ⅰ.①收…　Ⅱ.①梶…　②梶…　③孟…　Ⅲ.①家庭生
活－通俗读物　Ⅳ.①TS976.3-49

　　中国版本图书馆CIP数据核字（2022）第008411号

责任编辑：张　于
封面设计：李　甦
责任印制：李志国

出版发行：中国妇女出版社
地　　址：北京市东城区史家胡同甲24号　　邮政编码：100010
电　　话：（010）65133160（发行部）　　65133161（邮购）
网　　址：www.womenbooks.cn
邮　　箱：zgfncbs@womenbooks.cn
法律顾问：北京市道可特律师事务所
经　　销：各地新华书店

印　　刷：北京中科印刷有限公司
开　　本：185mm×260mm　1/16
印　　张：8
字　　数：319千字
版　　次：2023年1月第1版　　2023年1月第1次印刷
定　　价：79.80元

如有印装错误，请与发行部联系

　　特别说明：本书翻译自2021年2月发行的日文书《親子の整理
収納》。本书中的照片和插图均为原创。本书中介绍的商品可能
不在中国销售，敬请谅解。

像这样编写生活方法书，从 2017 年开始就再没有过。也没想到，久违的生活方法书的创作，居然是和女儿一起完成的。

对于女儿就这样出现在书中，也是有利有弊吧。但是，这是和女儿还有家人进行了大量沟通后做出的决定。

正因为是和女儿一起完成的作品，才让我把迄今为止没能和大家表达清楚的事情介绍出来。这本书讲述了希望各位读者能够了解的内容。

收纳整理对我而言，是了解孩子的重要工具。

现在，对孩子来说什么东西是重要的？
现在，孩子喜欢什么样的空间？
现在，孩子在想什么、在烦恼什么？

有时，女儿很难言明的事情，我们可以借助"物"来交流。
有时，我没能注意到的女儿心灵的成长，也是通过"物"来了解的。
收纳整理成为我们亲子之间交流的方式。
正因为有收纳整理，我们彼此之间才更加亲近。
在这本书里，请让我毫无保留地讲给各位。

通过这本书，各位读者能了解"收纳 是如何塑造亲子关系的"，就再好不过了。
如果各位读者通过收纳整理发现孩子和平时不同的一面，那也是一件幸运的事。

梶谷阳子

致各位读者

我叫梶谷一花，今年 12 岁，上小学六年级。

朋友们都说我是一个活泼有趣的人。如果我热衷于某件事情，其他任何事情就无法令我分心。我经常画画到很晚都不睡觉，也经常因为这件事情被妈妈唠叨。

我家包括我在内一共四口人。作为收纳整理专家的妈妈性格非常固执，懒惰和烦琐能把她气哭。爸爸的知识面很广，又很擅长做饭。他会在圣诞节、生日等重要的日子给我们做豪华大餐。弟弟今年 7 岁，上小学一年级。他做事比我还认真，总是擅自帮我收拾东西，这让我有点儿头大。

我在小学四年级的时候拿到了收纳整理专家的资格证。这是因为我妈妈从事收纳整理的工作，我也因此产生了兴趣，学习收纳整理，会对将来有所帮助。

现在我上小学六年级了，因为新冠肺炎疫情的流行，待在家的时间变多了。不学习的时候，我会画画和读书。因为随时可以做自己喜欢的事情，因此在家的时间也没有让我觉得难以忍受。但是小学的最后 1 年，我还是希望能够像往常一样去上学，和大家一起度过美好的学校时光。

在家的时候，我也会和妈妈一起做很多收纳整理工作。比起以前，我感觉和"物"在一起的时间增加了。

我一直觉得收纳整理是令人愉悦的。把哪些东西放在哪儿、怎么放，我经常思考这些事情，而且我喜欢一边思考一边付诸实践。虽然有时候我也觉得收拾东西是一件很麻烦的事情。但收纳整理既能让我在喜欢的时间立刻开始做喜欢的事情，又能把带着记忆的东西和收集的东西装饰起来，我觉得很高兴。

　　因此，新冠肺炎疫情流行之前也好，现在也罢，我都非常喜欢既能做喜欢的事，又被喜欢的东西所包围的家。

梶谷一花

我在听收纳整理专家的课。在关于收纳整理的学习中，大部分内容，妈妈平时都讲过，但也有我不知道的部分。学习之后，我可以运用学到的知识来改善自己收纳房间的方法。

目录

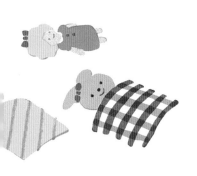

CHAPTER 05

朋友们的收纳整理采访

从小学生到高中生，大家的收纳方式各有不同，但无高下之分！

梶谷阳子（母亲）

梶谷一花（女儿）

CHAPTER 01

母亲和女儿的 10 个收纳整理小故事

多亏了收纳整理，我和孩子之间的关系变得亲近了

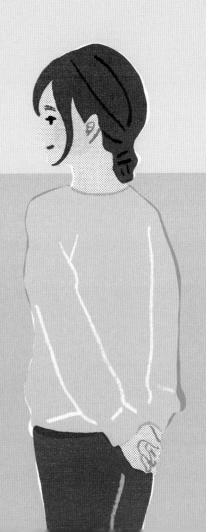

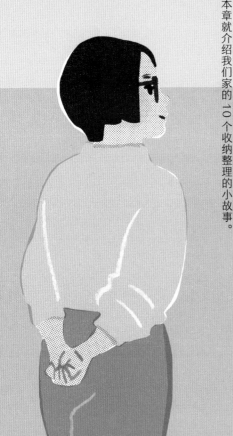

我们会围绕准备学习用品和作业发生争执，也会因为一点儿小事就心生芥蒂……

每次发生这种情况的时候，备受珍视的『充满回忆的物品』『爱用之物』，总是能联络起亲子间的关系，成为交流的纽带。

本章就介绍我们家的 10 个收纳整理的小故事。

女儿各阶段的眼镜

充满回忆的物品的价值 —

充满回忆的东西，其价值只有所有者才知道。正因如此，所有者才要将『为什么珍重它』传达出来，避免家人把它当作不要的东西丢掉。

　　女儿 2 岁的时候就开始戴眼镜。当眼科医生说"还是戴上眼镜比较好"的时候，我心里想："明明她还这么小，太可怜了……"后来，给女儿配好眼镜，她刚开始戴的时候，我看着她的样子，总有种难以言说的感觉。说实话，我感觉自己忍不住要哭了。陌生人看到戴眼镜的女儿，说她"这么小就戴眼镜了，好可怜……"的时候，我就会觉得心里很苦涩。但是，一直都是女儿支撑着我脆弱的情绪：戴着自己选的眼镜高兴地照镜子的女儿，一边比画，一边笑着说"快帮我拍张照"的女儿……那天真无邪的样子，拯救了我无数次。

给妈妈：

　　在打篮球的时候，我很不喜欢戴眼镜。球砸在眼镜上然后又砸在脸上太疼了！但是我从来没想过"再也不想戴眼镜了"。不戴眼镜的时候，朋友们会说"都不像你了"。妈妈为什么会觉得我可怜呢？我看见别的戴眼镜的孩子，也不会这么想呀。

　　我以前看到妈妈留着我的眼镜，会觉得"为什么呀？都坏了，肯定不要了吧！"，但现在很高兴妈妈能留下它们。

梶谷一花

一花的旧眼镜一共有 6 副，保管在专门放眼镜的抽屉里。

一直想把保留眼镜的理由告诉女儿，但是她似乎最近才知道。"对于妈妈来说，这之所以是非常宝贵的东西，是因为我深爱我的女儿。"这样的爱的表达，可能肉麻得刚刚好。

这些是我的眼镜，收纳在卧室里。

和女儿一样，我也戴眼镜。把眼镜收集起来，说着"有点潮啊"，是想对戴眼镜这件事传达出一种积极的信号。

我的眼镜和女儿的旧眼镜都保管在我的收纳空间里。因为对女儿的眼镜无法放手的不是女儿，而是作为母亲的我，所以我要放在自己的收纳空间，而不是女儿的。

10 年间，女儿一直戴着眼镜，无论何时都与眼镜为伴。

眼镜度数变化的时候、眼镜坏了的时候，虽然会换一副新的，但我一直保存着女儿所有的旧眼镜。有一副眼镜真的断成了两半，但我也绝不会因此就丢掉。

旧眼镜作为珍重的宝物，今后我也会一直保存下去。

给一花：

　　妈妈一直觉得，你的眼睛不好，是妈妈的错。我觉得是你在妈妈肚子里的那 10 个月，妈妈不小心做了什么才变成这样的。而你也被很多人说"这么小就开始戴眼镜，好可怜……"。

　　但是，看着你开心地戴眼镜的样子，妈妈觉得不能再那样想了。你的眼镜对妈妈而言是非常重要的东西。"很高兴妈妈留着它们"，你能这么想，妈妈也很高兴。

妈妈

物品换新的时机——

孩子们的随身物品，不仅和身体的成长有关，也和心灵的成长有很大关系。

让人脸红的泳衣包

女儿对于自己心仪的东西，在得到后会十分珍惜，长久地使用。对于这样的女儿，我特别佩服，她能一直珍惜使用可真了不起啊！

女儿上小学五年级的夏天，正在为游泳课程做准备的她露出一副无精打采的表情。"怎么啦？"我试着问她。

于是，女儿露出一副难以启齿的表情，回答道："这个泳衣包，我想换个新的。我一直觉得这个花纹有点儿让人脸红……"

女儿这样说让我感到有点儿抱歉。我认为她会一直开心地用喜欢的泳衣包，却完全没注意到女儿对于物品的喜好标准已经发生了变化。

给妈妈：

升到高年级以后，我就开始不喜欢泳衣包上闪闪发亮的部分，也羞于让人通过透明的部分看到里面的东西。身边的朋友们也陆陆续续都买了新的泳衣包。妈妈经常说"有而不用是一种浪费"，所以我也觉得如果还能用就要一直用。

一花

以前的泳衣包。只有夏天才用，就收在壁橱的角落里。

1. 因为身体原因不再适用的东西

尺寸不合适所以穿不上的衣服和鞋子。

2. 因为情绪原因不再适用的东西

感到害羞或者使用欲望降低，因此会刻意避开使用的东西。

3. 会影响孩子行动的东西

使用起来效果差、效率低、有危险的东西。

孩 子物品的换新标准，就是以上 3 点。泳衣包符合第 2 点。虽然每一点都同样重要，但是必须有意识地去感受才能知道泳衣包属于第 2 点情绪原因。对于第 3 点，如果有孩子放着不用的东西，那就可以算难用的东西……

　　我对女儿说："妈妈没注意到你的需求，对不起。妈妈不知道你有这样的感觉。如果你觉得拿着它很不好意思，或者没法坦然地使用它的话，直接和妈妈说就好。"

　　明明还能用但是说什么也要换，我不认为这是件好事。但是，心灵和身体的成长会伴随各种各样的烦恼，对于难以启齿的女儿，我觉得父母一定要主动贴心地去解决问题。

给一花：

　　妈妈之前一直以为你很喜欢的东西就会一直用下去。我常说"有而不用是一种浪费"，但并不是说要"勉强自己一直使用"。即便是曾经觉得很重要的东西，随着自己的成长和思维方式的改变，也会有觉得"该换一下了"的时候。如果你这样觉得，直接说出来就好。

妈妈

做不完的作业

孩子的整理『开关』一 无论是作业还是整理，我都希望孩子能早早动手。 但是，这真的是为了孩子吗？

"不管怎么说，就是不收拾"这样的事，在我家也是时有发生的。

上小学以后，就会有作业、第二天的学习用品准备、课外学习等事情，如果效率不高的话，就没法早早上床。我深知其中道理，就会不自觉地去注意时间。"是不是该收拾东西啦？""现在还不做作业吗？"有段时间，我经常对着女儿催促提醒。但是，女儿一定会立刻说"稍等等""电视播完了就去"。

有时，我也会觉得说厌了，直接就不管她了。女儿就会在我不注意的时候，悄悄把作业和第二天的准备做完。发现这点后，我才意识到"父母希望孩子做事情的时间和孩子们想做事情的时间是不一样的"，同时，我也想到"我可能是为了顺利把家务搞完才去提醒孩子的……"

给妈妈：

"把这个看完就去"，这样回答是为了让妈妈知道我有自己的时间安排。妈妈一般会在吃饭前和出门前说"收拾一下"，我知道这是因为这个时间全家人都在。

虽然妈妈总是在出门前收拾东西，但是我会觉得："就那么放着直接出门也行吧！"不过，回家以后看到家里收拾整齐的样子，还是会觉得心情舒畅。

一花

给一花：

回家时，发现东西放得乱七八糟会让我觉得疲惫。而且，我觉得回家以后需要放松，所以总在出门前才收拾。如果不收拾好就出门的话，遇上大地震会怎么样呢？东西掉得满地都是，这很危险啊。

吃饭前我总是说"还有×分钟就要吃饭了！"，是为了大家能一起说"我开动了"。

妈妈

女儿一直都是在餐桌上做作业的。所以，想让她快点儿做完作业，我才能做饭的情绪肯定不少吧……

以前，连着问女儿几次"还不做作业吗？"之后，她会回答我："会做的，你不相信我吗？"

我想，连续问好多次这个举动，会让孩子产生"不被父母信任"的想法吧。

有效果的提醒

如果不是家人经常活动的地方或者会发生危险的地方，就那么放着不收拾也可以。

以前，我为了给自己减压，会很强硬地和孩子说："收拾东西！"这么说是为了自己吗？如今必须直面这个问题了。如果这么说是为了孩子，为了家人着想，那一定要让孩子明白收拾东西的好处。

· 喜欢的事情立刻就能做！
· 无论什么时候都能叫朋友来家里！
· 想要的东西立刻就能找到！
· 发生地震时，不会被杂乱的东西砸到，与自身安全息息相关！

以上种种，都是可以告诉孩子的收拾东西的好处。在我们家，最有效果的是"把这里收拾了，我们一起做……吧"。据说，女儿最讨厌的是被说"快点儿做"。

心仪的书包

孩子物品的挑选 ——
挑选物品的顺序是先搞清楚孩子的意
愿，然后给出建议，最后让孩子自己做
决定。

　　女儿上小学之前，我们一起去买书包时，我和丈夫都对女儿说："选自
己喜欢的就好！"之后，女儿在种类繁多、色彩缤纷的各色书包里选中的，
是一个颜色鲜艳又带着闪亮装饰的双肩包。这着实是一个非常可爱的书包。
我知道她是个个性很强的孩子，到了高年级以后，肯定会以"和衣服不太
搭""不喜欢惹眼的装饰"之类的理由而不再用这个包了。于是，我们和女
儿分析了将来可能会发生的情况，并告诉她如果她依旧想要这个书包的话，
那就要好好地用完 6 年。听完我们的话，女儿说："还是选一个好搭衣服的
吧！"于是，她重新选了一个褐色的书包。

　　现在女儿已经上六年级了，还在用着那个书包。

给一花：

　　你从小就是个小大人，很早就不喜欢动画之类的
东西了。你和爸爸一样，对穿搭很有想法，所以我想
如果书包是粉色或者紫色的，你肯定会说"和衣服不
搭"。当然，也不是粉色、紫色就绝对不行。

　　小修（我的儿子）去买书包的时候，你作为姐姐
还给了他建议。谢谢一花！小修肯定也会背着他的黑
色书包好好地度过小学 6 年生活的。

妈妈

给孩子挑选东西时，以他们自己的喜好为先，这是很重要的。但是，父母也要告诉他们考虑到要长久使用的情况，这样选会有怎样的风险。

正是因为现代社会可选择的东西太多，才更应如此。

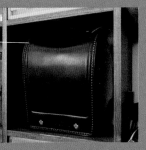

想法确认及提建议的方法

关于书包的收纳位置，我询问过女儿觉得放哪里合适，最后决定放在餐厅的隔板上。

首 先问孩子"你想怎么做"。女儿在做决定的过程中，我会根据自己的经验和知识给出建议。但说"可以这么考虑，也可以那样想"，就有点儿像催促孩子做决定的感觉。要记住，最后做决定的是孩子自己。

练习自己挑选东西

用来装学校用品的包是女儿自己选的，她也好好地使用了6年。

现 在物质丰富，孩子们做什么都有很多选择。正因为如此，通过收纳整理让孩子们多多练习挑选物品也是一件好事。收纳整理也涉及处理人际关系，等他们长大了会从中受益。

给妈妈：

我现在还记得我选书包的时候，本来想选粉色或者紫色的。但是，爸爸妈妈和我说："这个包要背6年，百搭的颜色比较好配衣服。"

那时我想着："是呀，小学每天都要穿不同的衣服，还是百搭的颜色比较好。"于是，我就选了褐色的。虽然我上一年级的时候，看到背着粉色或紫色书包的小朋友也会觉得好可爱啊，但是现在觉得还好选了褐色。

一花

物品收纳的优先顺序——基准是将经常使用的东西放在容易取用的地方，但是也有比使用频率更重要的事。

无法丢弃的玩偶

女儿小时候特别喜欢玩偶。后来，不知不觉地，收纳箱里就塞满了玩偶。有时，女儿会一脸难过地说："我已经没法再珍惜这个玩偶了，把它送到二手商店去吧。没法再被珍惜的玩偶太可怜了。下次买玩偶之前我要好好考虑。"

但即便这么说，女儿仍然有很多玩偶……终于，收纳箱完全塞不进去了，只好直接在地板上摆了一大排。我看不下去，就说："玩偶是不是太多了？落得到处都是灰，怪可怜的。"但女儿完全没有要放弃其中一些玩偶的意思。

给妈妈：

当妈妈把我房间的一个置物架的收纳空间空出来，并问我"把收纳背包的空间用来放玩偶好吗？"的时候，我真的太高兴啦！

比起用那个空间收纳背包，能够随时看到我最喜欢的玩偶更让我觉得开心。而且，这个空间还能防尘。

一花

给一花：

迄今为止，妈妈在收纳东西的时候，总会优先考虑使用频率高的东西。但我也知道这样是不够的。和一花一样，妈妈也有想优先收纳特别喜欢的和每天都想看到的东西的时候。

重要的不仅是使用方便。即便使用起来不太方便，只要自己称心就好。谢谢你让妈妈意识到这一点。

妈妈

对此，我一直十分伤脑筋，直到某个寒冷的冬夜，女儿很晚才去洗澡。我觉得奇怪，去瞄了一眼女儿的房间，发现所有放在地板上的玩偶，不是被盖上了毛巾，就是被穿上了衣服。原来女儿觉得玩偶也会冷，为了让它们暖和起来，所以才耽误了洗澡。看到那些玩偶的时候，我对于自己想让女儿放弃玩偶感到非常后悔。

下层的格子原本是用来收纳背包的，现在用来放玩偶了。

如果发生地震的话，想要带着一起逃生的是什么呢？是充满与重要的人相关回忆的东西，是自己花钱买来的收藏品……这些东西现在虽然不用，但还是想放在伸手就能拿到的地方。所以，收纳的优先顺序是因人而异的。

不再收拾的发饰

变化的性格和收纳 ——

自认为『这个孩子是这种性格』能成为不收拾

东西的原因吗？

　　我收纳孩子们的东西以及家人共用的东西时，都会将孩子们的性格考虑在内。但是，现在这样做经常遭到女儿反对，要改变收拾的方法。比如，女儿绑头发用的皮筋和发饰。以前，小皮筋、发卡、发圈都是分门别类放在有盖子、标签、可以看到内部的盒子里的。但是从某个时间开始，女儿的头饰就再也不放回盒子里了。迄今为止，女儿都喜欢把东西好好收起来的清爽空间，"怎么突然就不收拾了……明明分类很清楚啊……"我在感到不可思议的同时，改变了收纳方式，换成了压力开盖式盒子，让开关更方便。于是，女儿又习惯把发饰放回盒子里了。

　　随着女儿的成长，她的性格也变了，变得有点儿怕麻烦了。所以，不愿意总是重复地拿起盒子打开盖子了。孩子的性格是逐渐变化的。我尽量不去

给妈妈：

　　妈妈以前真的做了很多特别麻烦的收纳工作。我很想让妈妈在收纳之前想一想这样做是不是麻烦，是不是方便好用。

　　不过，想着"难得妈妈收拾了"，所以我就不说"这个收纳搞得很麻烦"，这样做我也不对。妈妈发现了我的想法，给我换了按一下就能打开的盒子以后，我觉得轻松了不少。

一花

分类清晰的收纳

以 前发饰的收纳：仔细分类后分装进盒子，贴上标签，这样女儿一眼就能明白里面装了什么。盒子也专门选了盖子上有窗口的，清晰明了。

方便的收纳

收 纳方便后，不仅发饰的收放变得轻松，孩子也自觉开始收拾，这样也能防止他们丢三落四。

为了让女儿一个人就能完成分装，我在收纳时会注意标签是否容易理解。

按压式收纳盒，是为了能让女儿自主进行收纳。

主观判断"因为这个孩子是这样的性格，所以应该这么收纳"。此外，这也是理解"收纳整理是了解孩子现在的性格的好帮手"的契机。

给一花：

　　当你不愿意把皮筋放回去的时候，妈妈察觉到你觉得这是件麻烦事。但是，你这么想的话，直接说就好了。一花能考虑到"难得妈妈收拾了"这点，让妈妈很高兴，但是什么都不说就随便乱放让人有点儿不开心啊。

　　妈妈也想让一花继续轻松地收纳，如果注意到哪些事情就说出来吧。

妈妈

不小心忘了的餐具套装

以前，女儿带去学校的饭盒，都是我提前一天准备好，挂在她书包的挂钩上。但是有一天，我忘了给她准备。

女儿放学后一脸不高兴地回了家。

"怎么了呀？"我问她。

"都怪妈妈，我特别期待的那个甜点没吃到第二份！"女儿回答。

女儿的班级，有"忘记带饭盒的人不能要第二份"的班规。我一边给她道歉，一边说："妈妈忘记给你准备确实不对，但是你自己没做检查是不是也有责任呢？如果自己准备的话不就没事啦？"

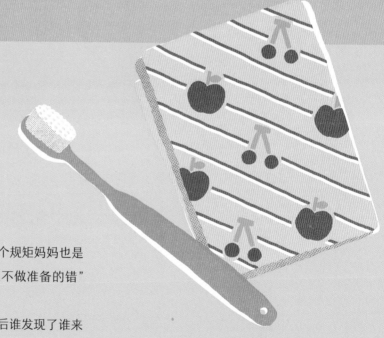

给一花：

"不带饭盒就不能要第二份"，这个规矩妈妈也是第一次知道。我和你说了"是你自己不做准备的错"这样的话，对不起。

妈妈忙起来也会忘，所以希望以后谁发现了谁来准备。

但是，被一花抱怨了以后，妈妈也会反思"为什么要专门收在 2 楼呢？"。妈妈会在 1 楼放置书包的附近开辟一个收纳的位置，这样准备起来就很方便。

妈妈

餐巾和餐包收在餐厅的隔板上，这样就离厨房很近。

牙 刷和漱口杯在回家后会立刻掌出来用，之后可以晾在厨房。餐巾和餐包原本是放在2楼孩子房间里的，现在移到了1楼餐厅。

发 生问题的时候，要立刻和孩子交流。"你想怎么做？""为什么会这么想？"如果询问孩子的意见和理由，他们基本上都会配合。结果，即使自己的想法没有完全实现，孩子也能接受——失败也会变成一种有益的经历。

　　现在想想，我当时说得太随便了。明明觉得准备饭盒是自己的任务，但听到女儿说"都怪妈妈"的一瞬间，就冒出了"是因为你自己没准备吧"的想法。因为这次的情况，我和女儿一起决定了饭盒的收纳位置，建立了"发现的人来做"的规则。

给妈妈：

　　那天的甜点明明是我特别喜欢的，却不能要第二份，这是因为妈妈没给我准备好餐具套装。和妈妈说了之后惹妈妈生气了，被妈妈说："是你自己不做准备的错！"但是以前都没说过要我自己准备，只有这个时候被说得好像是我自己的错一样，因此心里觉得特别生气，想着"这算什么呀"。

　　我自己准备也可以，但是饭盒放在2楼有点儿麻烦，希望妈妈可以换个地方。

一花

代替零花钱的票

有一天，女儿忽然说："小 A（她的朋友）真幸福啊。他家是零花钱制，每个月都可以拿到 ×× 元。"

那时，我回答女儿："我们家虽然没有零花钱，但是你需要的东西都会买给你呀。如果是零花钱制的话，就必须把钱都安排妥当了才行，那多麻烦呀！"

但是后来，我又重新和丈夫聊了这件事情。我家虽然不给零花钱，但是决定在孩子完成目标、努力用功、帮助家人时，对孩子说"谢谢""你努力了"，并给孩子一张"票"。"票"是以前女儿和朋友在我家开圣诞派对时，作为入场券给她的。这是非常可爱却不能在别的地方使用的东西，用在这种场合正合适。

给妈妈：

大家看到了我的努力，并且我用自己的努力换到想要的东西特别开心。但是，通过票存下的钱是有限的，我开始习惯在买之前先思考是否真的需要。

我并不打算一直储蓄票，如果发现想要的东西，我就会努力存到够买这个东西后使用。

一花

発给孩子的票可以让他们在需要时用一张换 100 日元（约为 5.5 元人民币）。

通过这个方法，孩子们不仅积累了存钱买东西的经验，也逐渐理解了"工作可以赚钱"的社会规则。

从票卷上撕下来交给孩子。女儿和儿子有各自的票。

这是一件有利有弊的事情，但在我家是一件好事。孩子们在使用金钱时会更加慎重地考虑，我也因此不需要频繁地使用现金，感觉比较轻松。

给放票的盒子贴上『谢谢』『真的努力了』的标签。

学校和课外学习所必需的东西父母都会买，孩子自己喜欢的用票买。孩子如果羡慕小伙伴的书或漫画周边，并且想买的时候，我会回答他们："那就努力储蓄票到可以买为止吧。"

给一花：

开始执行票制度时，妈妈比较担心你会有"奖励票才会努力"的想法。但是，这件事情开始后，一花的努力并没有发生变化，这让我感到非常安心。

妈妈也看到，仔细思考了票的使用方法后才使用的一花，换取自己真的喜欢和必要的东西的意识，变得比以前更强了。

妈妈

作为装饰的动漫周边

配合使用方法的收纳 —— 即便是同一件物品，收纳方法也会因为拥有者的不同而发生变化。

我把最喜欢的手表作为装饰收纳，挂在书房墙上的陈列板上。

直到前不久，这还被女儿取笑："妈妈居然有这么多手表，作为收纳整理专家要不及格啦。"

女儿虽然这么说，但她自己最近沉迷动漫，在房间里装饰了好多动漫周边，还乐在其中地和我说："我现在终于明白妈妈的感受了！"

说实话，我没想到女儿能把装饰收纳到这个程度。

迄今为止，还是收纳整理做得比较多。女儿上小学一年级，重新装饰自己房间的时候，因为她希望的是"简单时髦的咖啡厅风格"，所以设计了非常简练的风格。

如今这已经是令人怀念的回忆了。

"完全变成漫画咖啡厅的风格啦！"

女儿边说边笑了出来。

给妈妈：

对于我来说，徽章和钥匙圈与其说是"配件"，不如说是"看到的享受"。

妈妈总是说："虽说丢弃是一种浪费，但是明明不使用却把东西攒起来，真正的必需品反而没地方收纳。不使用才是最大的浪费。"所以，不把"看到的享受"作为装饰，就和不使用它是一样的。

一花

考虑到地震等情况，把这些物品安置在远离床的位置。

徽 章和钥匙圈等动漫周边，可以用洞洞板或者展示盒，装饰在女儿房间的架子或墙壁上。洞洞板和展示盒都是塑料质地，十分安全。即便是孩子也可以轻松放置、摘下。

当时，女儿对于想要装饰动漫周边这件事，有些难以启齿。

我觉察出她的想法后，和她说："要不要把喜欢的东西装饰出来？"

女儿非常高兴地说："要！"

那时，我也告诉女儿："因为是你自己的房间，所以可以按照你的喜好来。但要是装饰掉了或者挤在一起，就不能算是装饰收纳了。"

女儿至今也认真地遵守着我告诉她的话。

给一花：

同样的东西会因为收纳者的不同而产生不同的效果。看到充满回忆的东西，我们都会感到快乐和被治愈。为了体现它们的作用，一花的持有方法是使用，这点让我很惊讶！

为了不使东西被埋没，要好好使用，这种收纳方法值得思考。

妈妈

可以提高积极性的话语 ——

『谢谢你能好好对待我』『谢谢你把我放回原来的地方』，代替物品说出它们被收纳后的心情。

收纳整理的二三事

我取得收纳整理专家资格的时候，女儿3岁。取得该资格以后，面对女儿时，我会随着她年龄的增长告诉她："所谓家里没有整理，对于自己而言，就是没有把不要的东西丢掉。"同时告诉她应该如何对待物品。

在女儿上小学以前，我告诉她"收纳整理不是扔东西"。如果有用不上的东西，我会告诉女儿"拥有却不使用是最大的浪费，所以把它们送到有需要的人身边吧"，然后把这些东西捐赠给慈善机构或者送到回收站。

"有人能好好使用你曾经认真保管的东西是一件值得高兴的事情，物品也会觉得很开心！"

给妈妈：

妈妈讲的很多东西我都记得。在整理玩偶的时候，妈妈和我说："整理房间不是为了扔东西，所以不用勉强自己去减少玩偶的数量。你能认真对待每一件物品，妈妈替它们感谢你！"我当时可高兴了。还有，我在纠结要不要放弃一些玩偶的时候，妈妈说："如果你很纠结的话，那不放弃不也挺好的吗？"这话让我非常安心。

——一花

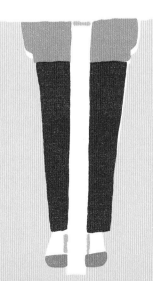

收纳整理

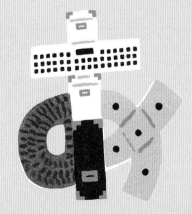

大人也好，孩子也罢，在收纳整理的时候需要注意的五个要点。

收纳整理的小技巧

1 ·· 不要焦虑。

2 ·· 不要急躁。

3 ·· 不要对自己的真实情绪说谎。

4 ·· 要选取对自己必要的东西。

5 ·· 尽量让自己乐在其中。

收纳整理中需要避开的话语

·快点做 ·是不是搞得太久了啊 ·已经不需要了吧 ·这个还能用呢 ·难得买给你的 ·选这个吧 ·这个当初还挺贵的

于是，女儿始终都记得这是件令人高兴的事情。

而今，女儿已经上小学六年级了，对于收纳整理，她都是以很积极的状态去参与。

给一花：

对待物品这件事和"对待自身"息息相关。

一件东西对自己来说是不是必要的、拥有这件东西会不会让自己产生压力，像这样通过收纳整理来练习面对自己的情绪，不知何时就会派上用场。在妈妈为人际关系而烦恼时，这种练习帮了大忙。一花将来长大也会深有体会。

妈妈

CHAPTER 02

在家的日子和收纳整理日记

2020

家里让人心情舒畅的话，生活再辛苦也总能扛过去

2020 年，由于新冠肺炎疫情的流行，我们一家人的生活和
工作方式也发生了巨大的改变。
虽然明知必须得适应新的生活，偶尔也会觉得焦虑不安。
但是，如果要给自己找一个让心情平静、积极向前的
契机，果然还得是收纳整理。

2月10日 心灵天气 多云 ☁

日常生活正在发生改变

　　1月，新闻中报道了"已确认有日本人感染了新冠病毒"。

　　2月，日本国内确认了第一例死亡病例。这时我才意识到，曾以为离自己很远的新冠病毒，已经是近在咫尺的危险了。已经定好的访谈相继取消等一系列变化使我意识到，今后的工作方式和一家人的生活，会逐渐地发生变化。

能直接和大家面对面的谈话活动。

3月2日 心灵天气 多云转雨 ☔

小学停课

　　受新冠肺炎疫情的影响，孩子们的日常生活发生了巨大的变化。今天，小学决定临时停课。

　　女儿说现在所在的班级让她很开心。但这种和大家一起度过的学校生活戛然而止了。

5年级的最后一天，正在打开门的女儿。

　　再去学校的时候，就是毕业典礼了，和女儿一样要在明年3月毕业的孩子和他们的家长，现在都是怎样的心情呢？心痛。

从下方就可以捏出口罩的盒子。大约可以放下宽9厘米×长17.5厘米的口罩60片。

口罩的收纳

　　把一次性口罩放在大创[①]的口罩盒里。这样出门前穿鞋的时候顺便就能把口罩戴好。口罩盒放在架子下层，盒子里放口罩，旁边是免洗消毒啫喱。架子的上层是防晒霜和驱虫喷雾等日常护理用品。

---

① 日本美妆品牌。

10.5
11
18

口罩盒
（大创）

3月4日 心灵天气 大雨 ☔

儿子的幼儿园毕业典礼延期了

　　儿子的幼儿园毕业典礼紧急变更了时间，本来以为能和丈夫一起参加的，所以很受打击。

　　但最难过的，是不能让儿子看到父亲在场。到现在为止，幼儿园的运动会因为下雨延期了好多次，3年来丈夫只参加过一回。父亲不在，儿子总是一脸失落。明明打算和丈夫一起对儿子说"幼儿园毕业快乐"的。

丈夫来不了的幼儿园运动会。需要亲子参加的比赛，周围全是爸爸。

入园式。儿子穿上制服很可爱。

3月6日 心灵天气 雨转晴 ☀

好好地努力过了，祝贺儿子幼儿园毕业

　　儿子的幼儿园毕业典礼。

　　前一天，给儿子熨他第二天要穿的制服时，我心里涌上一阵纷乱的思绪，眼泪禁不住流了出来。

　　儿子是我做了不孕不育治疗后才怀上的。

幼儿园毕业前一天，熨好的制服。

怀胎十月，他在我肚子里的时候，刚看到他的时候，第一次抱他的时候……

毕业典礼不到 1 小时就结束了。而且为了错开时间，各班轮流进行。儿子的幼儿园毕业典礼和女儿毕业时的气氛完全不同。"毕业典礼能够举行，经历了一波三折，给大家添了不少麻烦。"老师强忍着眼泪说道。那时老师的样子，好像要把至今为止所有的事情都讲一遍一样。老师们尽全力守护了孩子们的健康。

真是令人终生难忘的毕业典礼。

毕业典礼之后，说着『毕业快乐』的拥抱。

一花
没等到爸爸来的弟弟和没去成的爸爸，都挺可怜的。

☁
3月7日
心灵天气 多云

女儿的成长道路上，有欢欣也有寂寞

"我马上就要升小学六年级了，明年就是中学生了，可以把床搬到自己房间睡了吧？"

女儿的话让我很失落。之前，女儿的床放在我的卧室，一家四口并排睡在一起。其实，我还是想一家人继续睡在一起的。

以前，女儿也说过要搬床的话，但是因为我说"妈妈还想和你睡在一起"而作罢。由女儿自己做决定，这也是她成长过程的一部分，这次我也只能接受了。于是，我打定主意今天就给她搬过去："好的，那我们就搬吧！"

搬床这件事，比想象中辛苦很多。女儿的床下收纳了好多书，我们先把书全都拿出来，才把床搬到她的房间。把床搬过去后，女儿一脸高兴地把书重新放回床下。看着这样的女儿，我不禁脱口而出："偶尔再和妈妈一起睡吧！"

女儿的床放在我们卧室的时候，我会和女儿在床上滚来滚去地打闹，也会一起躺在床上听她说学校发生的事情。

女儿的房间

随着女儿的成长对房间进行改造

以前，女儿的房间里没有书桌和床，所以很宽敞。现在虽然家具变多了，但是我在物品的收纳上下了功夫，同时铺了小地毯，确保了活动空间。不过全身镜是无论如何也放不下了，索性挂在了墙上。和从前相比，女儿感兴趣的书和动漫周边也变多了。（详见P70）

改造后

改造前

女儿的压力爆发了

学校因为新冠肺炎疫情突然停课后，女儿曾说："我喜欢待在家里，没问题的！"但在不能去学校的日子里，她明显表现出压力与日俱增的样子。今天，在她完成学校布置的"每天选一则新闻写感想"的作业时，压力终于爆发了。到今天为止，女儿每天都会通过电视和网络浏览报道，按照她自己的方式搜集新闻。但是，这个作业成了她最大的压力源。

"不管我什么时候看、看什么，一直都是新冠新冠，全是新冠！我能有什么感想！不就是太糟糕了！希望能赶紧结束！就这些了！"女儿看着新闻，就这么叫了起来。看她这个样子，我觉得我们可能没得新冠，快得心病了。

女儿之前练习的泰拳也无限延期了。

为了缓解压力，和弟弟在院子里玩的女儿。

疫情完全看不到尽头，学校也不知道什么时候才能恢复上课，所以作为父母，我们必须做点儿什么。我暗下决心，为了让女儿和儿子毫无压力地度过在家的时间，无论如何要找到一些能让他们开心的东西，并多带他们去玩。

餐厅的置物架

改造前

女儿和儿子都在餐厅写作业，书包和课本就都收在餐厅的置物架上。此外，新冠肺炎疫情以前，我工作要用的书和资料，以及相机和充电器、存储卡等家庭用品也都收纳在这里。

改造后

因为新冠肺炎疫情居家不出门后，孩子们要做的事情变多，我的东西就都移到别处。夏天的时候，这里几乎都是孩子们的东西。虽说看起来比原来乱了，但是收纳时还是优先考虑能让家人省事。（详见P66）

不整理也行，开心就好

今天是儿子的小学入学典礼。典礼10分钟就结束了，女儿入学那会儿一家人还一起拍照留念。而这次的典礼只有学生。虽说很遗憾，但是典礼能够举行已经十分难得了。不用戴着口罩就能和新朋友还有他们的妈妈见面、互相笑着打招呼，这样的日子一定会到来。而在这一天到来之前，我们也要快乐地生活。

而明天，和孩子们在家里相处的时间也会继续。

从前，我坚持"完美的育儿""完美的饮食""完美的整理"。

现在，不再执着于完美，而是为了孩子们的笑脸继续努力。

打游戏、草草应付的饮食、七零八落的房间，这些都可以忍受。

我和孩子们都是能省事就省事，但都在努力让自己开心地度过每一天。

在新冠肺炎疫情中迎来了儿子的开学典礼。

在走廊上铺满玩偶、尽情玩耍的回忆。

> 一花
>
> 和我入学的时候差别太大了，小修（弟弟）看起来有点儿可怜。

钢制隔板（小）
全部来自无印良品①

聚丙烯文件盒，
25厘米，1/2 灰白

聚丙烯文件盒配套
的盖板，带轮子，
25厘米 灰白

新冠肺炎疫情以前，为了防止孩子们沉迷游戏，我把与游戏相关的碟片和书都收在很难拿的壁橱里。学校停课以后，和孩子们约定好打游戏的时间，就把它挪到电视机下边的柜子里了。

———————
① 日本杂货品牌。

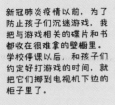

在盒子内部，为了不让游戏碟和游戏书叠放在一起，我倒扣了隔板，把它们倾斜地摆放在上面。

在收纳游戏机的盒子上加个盖子，把游戏机手柄摆在上面。

4月20日

心灵天气 多云

心浮气躁，心里有点儿疲惫

　　最近，我觉得自己快崩溃了。孩子们每天都待在家里，这让育儿、家务、工作都没法按部就班地进行，着实辛苦，也让努力想让一切顺利进行的我变得心浮气躁。原先孩子们去学校的时间就是我工作的时间，但现在平衡已经完全被打破了。

　　正因为不知道这样的生活要持续到什么时候，才有必要建立新的平衡。

整天宅在家，最好能养一些观赏植物。卧室和厕所是能让大家放松的地方，用绿色做装饰能使大家平静下来。照片展示的是2楼的厕所。女儿画的一家四口的插画也装饰在这里。

还想再去钓鱼……

4月25日

心灵天气 雨转晴

保证工作时间

　　虽然也尽量抽出时间陪孩子们玩，但是该完成的工作也要完成。为了获得孩子们的理解，也和他们认真地做了解释。

　　尤其是儿子还小，什么都不懂，他经常会在我开远程会议的时候跑进来。因此，我批评了他。

　　"妈妈必须得工作，你如果不听话，妈妈是没法工作的。工作不是做游戏。妈妈和你约好，妈妈在和别人讲正事的时候，不要随便进来。"

　　儿子理解了以后，今天我在开远程会议的时候，他就没有贸然进来。

　　"你能遵守和妈妈的约定，没有跑进来打扰妈妈工作，谢谢你！"

　　我做完工作以后，也没有忘记用语言来表达自己的感谢。

儿子会在我工作的时候自己玩。

　一花

兼顾家庭和工作是非常辛苦的。我不想打扰妈妈工作。

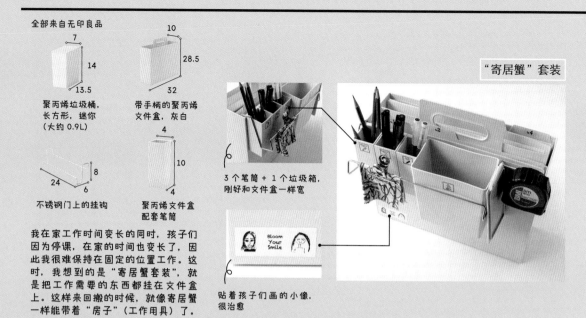

全部来自无印良品

聚丙烯垃圾桶，
长方形，迷你
（大约 0.9L）

7
14
13.5

带手柄的聚丙烯
文件盒，灰白

10
28.5
32

不锈钢门上的挂钩

24
8
6

聚丙烯文件盒
配套笔筒

4
10
4

"寄居蟹"套装

3 个笔筒 + 1 个垃圾箱，
刚好和文件盒一样宽

Bloom Your Smile

贴着孩子们画的小像，
很治愈

我在家工作时间变长的同时，孩子们因为停课，在家的时间也变长了，因此我很难保持在固定的位置工作。这时，我想到的是"寄居蟹套装"，就是把工作需要的东西都挂在文件盒上。这样来回搬的时候，就像寄居蟹一样能带着"房子"（工作用具）了。

☀
心灵天气
晴

4月30日

享受在家的时间

工作套装

孩子们在一起画画或者做史莱姆[1]。做史莱姆的时候失败了好多次，最后成功地做出了一个非常可爱的成品！看到孩子们开心的笑脸，我很高兴，还和他们俩约好下次一起做斯奎斯[2]。

像这样和孩子们玩一整天，是新冠肺炎疫情以来才有的体验。这样的时间对家长来说很重要。

---

①一种电子游戏和奇幻小说中出现的虚拟生物，呈果冻状或半液体状。
②squishy，一种减压玩具。

把史莱姆放进大创的盒子（详见P40）里，完成！

在家工作期间给孩子们添置的工作套装，放在餐厅能立刻拿到的架子上（详见P66）。把东西都放在大盒子里容易搞混，所以我是按照种类把东西分装在不同的盒子里。

☀
心灵天气
晴

5月20日

在新冠肺炎疫情中迎来了女儿的生日

今天是女儿 12 岁的生日。正因为在这种特殊的情况下，一家人齐聚在一起给女儿过生日才显得非常幸福。"没办法和以前一样去旅行了……"我这样和女儿说的时候，女儿却说："只要一家人在一起就行。"她能这样说我很开心。

一早起来，客厅的墙上按照惯例布置了生日装饰。这让我心里涌起很多回忆……

生日当天装饰客厅的墙壁是我家的惯例。

一花
其实还是挺想和原来一样去旅行的。每年看到墙上的装饰都很高兴！

☀
心灵天气
晴

5月28日

焦急等待的日子！两个孩子一起去学校上课了！

迄今为止，普普通通的日子都不是理所应当的。学校停课以来已经过去多久了？意料之外的幼儿园毕业典礼和小学的开学典礼，还有特殊时期主动减少外出……到今天才迎来期盼许久的日子。

终于，这一天到来了！两个孩子一起背着书包去学校。虽然还没到手拉手的地步，但是孩子们一起去上学的样子让我很高兴，因为我一直期待着这个时刻。不过，从下周开始，为了分散人流要隔天去学校还是让人有些遗憾。

充满回忆的照片

每年制作一本家庭相册，准备一直做到孩子们离开家为止。为了随时看到，我把相册放在餐厅的置物架上。

一花
久违地去了学校，却不能和同学们尽情地聊天，这是我上小学的最后一年了。

6月10日
心灵天气 多云

对今后的工作方式感到迷茫

学校又开始给孩子们提供午餐，这样我工作的时间终于稳定了。但是像从前那样的外出工作减少了，基本上都是在家进行的工作。今后，远程会议和讨论会成为工作的基本状态吧。

今天，我忽然就想到：说起来我其实很不擅长在人前的工作，像现在这样在家工作才是我的理想状态。但我还是有点儿恐慌，如果习惯了现在的生活方式，我还有能力重新回到人们面前，再开讲座和座谈会吗？我觉得心里有个声音在提议："就以现在为契机，放弃所有需要抛头露面的工作吧！"

我把这种担忧告诉了女儿，她说："不是还有人想听妈妈讲关于收纳整理的事情吗？丢掉这种可以和其他人交流的机会太可惜了。"女儿一直都能冷静地给出超出小学生思维的建议。很多次都是她的建议在支撑我前进。是啊，能讲的时候还是要尽力去讲！

以前，面向孩子的座谈会。

现在远程的视频会议变多了。

7月19日
心灵天气 雷阵雨

社交账号被盗了

虽然理智上知道必须适应新冠肺炎疫情下的生活，但偶尔也会觉得惶恐不安。这时能抚慰我的除了家人之外，就是社交软件了。在这里，即便是怕生的我也能愉快地同很多人进行交流。那些来自评论的鼓励，让我觉得自己并不孤单。

这么重要的账号被盗了。为了避免让近两万的粉丝受害，虽然万分不舍，我还是注销了账号。

待在家里就可以避免感染新冠病毒，但没想到待在家里也会遇到这么大的危险。我懊悔、难过又自责，最近一直都是以泪洗面。

在网上记录『无聊』日常

这曾是我唯一能和大家交流的地方，所以申请了新账号重新开始。

一花
虽然不知道是谁，但是太过分了，希望妈妈不要被这件事打败。

7月20日

心灵天气 多云转晴

久违地按照自己的心意进行了收纳

之前，在女儿把她的床移到自己房间的时候，我买了儿子的床放在我和丈夫的卧室。但受到女儿的影响，儿子也提出要把床搬到自己的房间去。儿子非常坚持，最终房间里只剩下我和丈夫的床。

我的卧室变得非常宽敞。而由于学校停课，在餐厅的架子上放置的孩子们的东西却多到塞不下，更不用说再放我的东西了。我于是和丈夫商量想在卧室里设置一个收纳的空间。丈夫也赞成我的想法，他觉得现在的卧室缺乏情调。

今天，新买的放在卧室的置物架到了。接下来要做的收纳不是从家庭整体出发的，而是久违的要按照自己的喜好来做。

一步一步来完成吧。虽然社交账号被盗的事情让我很伤心，但也成为我向前迈进的契机。

最初为了让自己从郁闷中走出来而买的观赏植物。

花了4个月认真完成的卧室收纳区（详见P90）

7月29日

心灵天气 多云有时晴

和老师的单独谈话，儿子的学习令人担心

我和班主任老师经常交流孩子们的日常生活和学习。这样既能了解孩子在学校的一面，又能和老师交流自己对孩子的担心，实在太好了。

我特别担心儿子的学习。他刚上小学，学校就开始停课，儿子完全不懂要怎么学习、怎么做作业。因为学校停课而落下的部分只好由我来教。但是，我教得也不顺利，儿子听到一半就会烦。儿子的学习毫无进展，这让我很焦虑。老师说："大家都一样，不用着急，没关系。要有耐心，无论在学校还是在家里都要坚持下去。"老师的话让我感到安心。

一到孩子的事情上，家长总会有很多过度反应。不要过于担心，一定要客观地看待孩子们。

穿着喜欢的蜘蛛侠衣服，在做培育牵牛花作业的儿子。

儿子的文件收纳

文件盒放在餐厅的格子架上。和课本、笔记本放在一起。

在家学习时打印了很多资料，儿子为了方便整理就DIY（自己动手制作）了文件夹——几个透明的文件袋用打孔机打两个孔，然后串在一起。儿子觉得上开口的文件夹很难用，能从侧边放文件的很好用。他还用标签写上"算术""片假名"①，贴到文件夹上分类。

---

① 日文的一种，主要用于书写外来词。

儿子的收纳位置

学习用具→餐厅

儿子和女儿都在餐厅学习，所以他的课本和笔记本都收在餐厅的置物架上。

与兴趣爱好相关的物品→自己的房间

儿子学足球，他的房间里有专门放球衣和球包的架子，架子侧面的板子上挂着他参加比赛获得的奖牌。旁边的桌子现在摆的是玩偶，将来应该会是他学习的东西。

奖牌挂在架子旁边的板子上，不占地方又可以随时看到。

参加集训带的东西收在抽屉里。装衣服用的自封袋上贴着「做饭用的衣服」「睡衣」等标签，会被反复使用。

☀
8月10日
心灵天气 晴

今年第一次也是最后一次玩水

三天两夜的家庭旅行从今天开始。目的地和酒店都贯彻了应对新冠肺炎疫情的策略。游泳池和大海，对于孩子们而言是今年第一次也是最后一次接触。

受新冠肺炎疫情的影响，小学停了游泳课，自家附近的市民游泳馆也闭馆了。整个夏天都是这样的情况，因此对这次旅行孩子们都特别期待。果然，他们还是想在户外尽情地玩耍吧。

虽然就在岸边玩，孩子们也非常满足。

旅行的准备

和儿子一样，女儿的衣服也是放在自封袋里。收纳位置和方法一旦确定，孩子自己就能准备，我也很省事。

11月14日　心灵天气　晴

花了一年时间完成的大型工作终于……

2019 年 12 月，新冠肺炎疫情暴发前，打造一整栋房子的大型工作开始了。和东京的丰田房屋合作，为了打造一间"将收纳进行到底的房子"，我一直努力工作，终于在今天迎来了"特别的收纳之家"展览开幕。做好新冠肺炎疫情的防护措施的同时，我带着到场的人一起参观。"对这个展览一直很期待！"听到这样的话，我很高兴。

考虑到房间布局和收纳方式，从盖房子开始，几乎所有位置的收纳都是经过了多次设计，也进行了实际验证。说实话，这份工作不仅压力大还十分辛苦，但是我能深深地感受到它的意义。

这个耗时一年的工作最终得以完成，离不开家人的理解和支持，也要感谢一直鼓励我的丰田房屋的同仁们。通过这份工作学到的东西，将来会成为我的强项之一。

和一起努力工作的丰田房屋的同事们合影

实地确认物品收纳的情况

11月18日　心灵天气　晴转多云

两个人一起的运动会 —— 不普通的运动会

今天的运动会是女儿小学生涯的最后一次，也是儿子作为小学生的第一次运动会。这也是我唯一一次机会，能看到相差 5 岁的一双儿女一起参加运动会的样子。

受新冠肺炎疫情的影响，运动会一度通知取消，最后决定 6 个年级一分为二分别举行。而一年级的儿子和六年级的女儿运气很好地被分在一天。穿着一样的运动服，参加同样的比赛，能同时看到两个孩子努力的样子，我太高兴了。

但是，疫情也影响了运动会，整个氛围与往年完全不同。没有加油助威，没有欢呼喝彩，也没有午餐便当，所有的比赛在上午就都结束了。而且，每个家庭最多只能有两名观众。

对于小学最后一次运动会，女儿肯定也有很多自己的考虑。我告诉她："正因为是在这种情况下举办的运动会，才能一直记得。"而当第一次参

戴着口罩挑战掷球游戏的儿子

和同学表演渔夫舞的女儿

加运动会的儿子问我："运动会本来是比这个时间更长吗？"我告诉他："当然了，本来会一起吃便当，吃完还会接着开。"儿子又问："什么时候才能开那样的运动会呢？""明年一定可以。"我虽然这样回答了，但现在的状况谁也说不好。

疫情会持续到什么时候呢？虽然理智上知道要面对已经改变的生活，但是我自己也希望生活能回到原来的样子。

一花

很想尽情喊叫奔跑。可惜，最后的运动会这么快就结束了。

11月28日　心灵天气　多云转晴

没有了毕业旅行，只能用当日往返的活动代替

今天本来是女儿毕业旅行的日子，但是受新冠肺炎疫情的影响，不能在外面住宿，只能去有水族馆和游乐设施的地方一日游。

"虽然不能过夜，但是可以玩游乐设施也挺好的。"女儿已经调整好心情，开始期待这次活动了。

一日游的目的地。为了帮女儿熟悉路线，一家人提前去玩了一次。

但是，台风导致从前一天就开始下雨。虽说提前问了即便下雨一日游也不会取消，可女儿担心下雨的话游乐设施就没法坐了。因此，从好几天前她就开始祈祷那天千万别下雨。

早上，我一边做便当，一边觉得这些六年级的孩子真是辛苦。

不仅参加不了毕业旅行，连一日游也因为下雨而没法尽情玩耍，好可怜。看着在雨中出发的女儿的背影，我在心里默默祈祷，希望她和朋友玩得开心，留下美好的回忆。

傍晚，女儿一日游回来，我问她："怎么样？"女儿兴高采烈地回答："虽然大部分游乐设施都没法玩，但还是很开心！"听到她这么说，我也很高兴。

小学时代最后的郊游，满含愿望的便当。

> **一花**
>
> 因为提前去过了，对大家一起玩什么做了计划，结果却因为下雨全泡汤了。还是想参加能和大家一起过夜的毕业旅行啊。

☀☁ 12月3日
心灵天气 多云有时晴

看到家人很享受装饰房间的过程，让我很高兴

最近，新冠病毒感染者每天都在增加。新闻上说现在是比4月发布紧急事态宣言①时更艰难的时刻。虽说及时了解现状很重要，但说实话，我已经不想再看新闻了。整个人的情绪很消极。新冠病毒已经在人心里种下病毒了。为了让自己不受伤害，还是得带着微笑积极面对。

前几天，用从百元店买的材料给儿子做了描红板。儿子立刻就迷上了，用它一口气画了好几幅画。儿子把画好的画贴在房间的墙上，但时间久了画纸就卷边了，于是我把这些画放进透明的文件夹里，用可撕双面胶贴在墙上。儿子看了非常高兴，连女儿也说这太厉害了。孩子们按照自己的心愿装饰房间，而他们享受这个过程的样子，是我如今喜悦的来源。

我亲手做的描红板

用从百元店买的板框和光源，参考网上的教程自制描红板。收纳画用的文件夹（详见P28）10枚一套，一共110日元，和收纳工作资料的文件夹放在一起。

> ① 由于疫情恶化，日本政府在2020年4月23日再次宣布东京都、大阪府、京都府、兵库县4地进入紧急状态，期限为4月25日到5月11日。紧急状态期间，大型商业设施停业、体育比赛等大型活动原则上不能有现场观众。

> 享受百元店商品带来的家庭时间

改造前

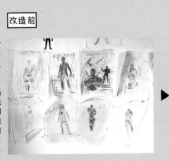

时间久了，画纸的边边角角都卷了。

▶▶▶

改造后

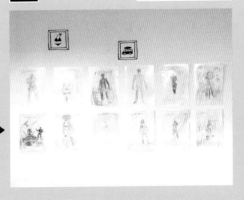

把画放进文件夹，排好贴在墙上。现在画的数量还在不断增加。

12月10日

心灵天气 晴

房子盖好后的梦想，今年正是实现的好时机?

最近天气变得非常冷，孩子们总是嚷嚷着："想去爷爷奶奶家玩！"当然，想见爷爷奶奶是一方面，但也有很大一部分原因是，爷爷奶奶家有被炉。

以前躺在娘家的被炉里无所事事地消磨时间，对我来说也曾是一件非常幸福的事。于是在自己的房子里搞了一间榻榻米卧室以后，就一直梦想着"什么时候在这里放一张被炉吧"。在那之后过了9年，这个想法却一直没能付诸实践……

但是，正因为今年这样特殊的时刻，才下定决心和丈夫商量一下。如果有了被炉，将来的日子即便还笼罩在新冠肺炎疫情的阴影之下，对于孩子们和我来说，"家庭时间"会变得更加快乐。

榻榻米房间的翻新

在盖房子的时候，在强烈坚持下，我家有了一间3块榻榻米^①大小的房间。以前榻榻米卧室是我照顾孩子们的地方（如下图）。房间的角落里还放着婴儿用品，给孩子换尿布也在这里。榻榻米卧室离客厅很近，比起2楼的儿童房，这里更方便我照顾孩子。我一直想着"什么时候放一张被炉就可以在这里悠闲地品茶了"。现在，终于到了要实现这个愿望的时候了。我想，正因为新冠肺炎疫情下的每一天都很辛苦，才能让我下定决心吧。

① 在日本，1块榻榻米的面积约为 1.62 平方米。

一花
钻进被炉真的太幸福了！在家的时间一下就舒服多了。

改造后

改造前

在网上找了一圈才买到心仪的被炉。家具和旁边放着的置物架（详见 P78）都选择了胡桃木材质的。

12月22日

心灵天气 多云有时晴

一直以来，多亏有了收纳整理

正在创作的书预计会在 2021 年春天出版。这次是和女儿共同创作的，因此创作时的想法也与之前的创作完全不同。

和女儿一起布置儿童房，两人围绕着学习用品准备、作业还有收拾东西的对话，见证了女儿以使用便捷为目的的独立思考和努力实践，感受到了她的成长。

边回忆边创作的过程中，我也重新意识到自己通过收纳整理思考并学到了很多关于子女教育的东西。在了解、贴近孩子们的情绪的过程中，收纳整理也发挥了很大的作用。即便是在新冠肺炎疫情肆虐的今天亦如此。而将来，我也会像现在这样，通过收纳整理帮助教育孩子。

和儿子一起收纳整理他的玩具。

女儿对书本进行收纳整理。

一花
妈妈总是和我一起考虑收纳整理的事情，这让我很高兴。随时都可以做喜欢的事情，所以我一点儿都不讨厌家庭时间哦！

CHAPTER 03

女儿的 10 件
收纳用品

女儿独到的收纳方法及对收纳整
理的熟练程度，连妈妈都佩服！

女儿平常喜欢用的 10 件收纳用品。

将"喜欢哪个部分""自己独到的使用方法是什么""使用时

需要注意的是什么"等内容，按照女儿的方式进行了总结。

不由得佩服女儿，因为我自己都无法从这些角度想出

这样的方法。

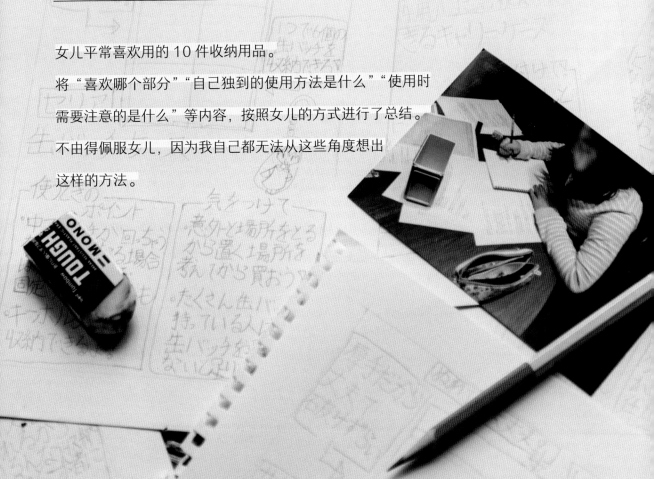

01

商品名

可调节书架

| 品牌 大创 | 颜色 白色 | 尺寸 长 13.5 厘米、宽 10.5 厘米、高 21 厘米 |

| 材质 聚苯乙烯 | 价格 110 日元（含税） |

特点

15.5
5.5

把空间前后分开 ▼

6
15
21
13.5 10.5

把空间上下分开 ▼

2 很容易看到里面的书脊。

加放书的空间
1 使用可调节书架，能增

3 很容易拿到放在下边的书。

4 形状简单，收纳容易。

5 口袋本（高度为 14.8 厘米）刚好可以放进书架里。

这样就是一套了

▼

2

使用方法

1 首先要考虑到底是把书上下放还是前后放。

2 组装（组装方法很简单）。
组装方法一般印在装可调节书架的袋子上。

3 以后如果想换一种使用方法也没问题。

注意事项

⚠️ 可调节书架是塑料制品，不轻拿轻放可能会折断。

⚠️ 零件上的文字颜色很浅，组装时要仔细阅读。

使用前　放在里面很难拿到

以前，为了方便，自动削笔刀被放在了前面，但是后来钢笔变多了，为了腾出空间，把自动削笔刀放到了柜子里面，但是变得很难拿到。我在思考有没有什么好办法的时候就发现了可调节书架！

使用后　学到了别的使用方法

装饰角色周边

同样尺寸的手办，排在后面的放在可调节书架上，这样就很容易被看到。

收纳餐具

可调节书架也很适合用在放餐具的架子上。轻的、不易碎的东西放在上层也没关系。

在书架以外的地方也能大显身手

放在可调节书架上能很方便地拿到！书架上除了书还能放一些别的东西，太棒了！在可调节书架下方的空间放了装自动铅笔芯的盒子。

铅笔和削笔刀是同时会用到的东西，所以就一起收纳。我会在客厅的桌子上削铅笔，所以就把它们收在离桌子很近的地方（客厅的格子架）。

　　我发现这个商品的时候，非常高兴！在那之前，我在书架上摆放物品都是像拍大合照一样，把书架内侧的书放在家里多余的盒子上。为了看到书架内侧的书脊，我也是下了一番功夫啊。

　　如今不仅是书本的收纳，把可调节书架放在客厅也使削笔刀变得好拿。将来如果一花的书变多了，也可以用它。不仅仅是书，角色周边的摆放也能用到！因为可调节书架的板子很薄，所以并排使用也不会增加收纳的工作量。放在哪里都不会显得突兀的白色也是我喜欢它的原因之一。我觉得这件商品会成为一花的好"伙伴"，而它亲民的价格也让我觉得很难得。

阳子的使用心得

可调节书架是一件很便宜却很有用的收纳工具，对于亲子关系来说也是很厉害的『伙伴』！

商品名

洞洞板

品牌 大创	颜色 白、黑	尺寸 各种各样
材质 ABS 树脂	价格 110 ~ 220 日元（含税）	

E

背面

A

安装工具 洞洞板有 4 种安装方法

洞洞板的安装方法有 4 种。①和③需要专门的卡扣，②需要专门的吸盘。卡扣和吸盘需要单独购买。
①用带黏性的卡扣连接　②用吸盘吸附
③用挂钩和小号螺丝钉挂住　④用螺丝钉固定

A 有黏性的卡扣（4 个装）

4.7

挂钩的洞
中央的突起挂接板子
背面用附带的胶粘住

4.7

吸盘
（10 个装）

4

4

洞洞板 有正方形和长方形两种形状，颜色则是黑、白两色。

B 洞洞板

12.5

25

1.5

25

25

1.5

架子 收纳架和平面架有不同的大小。

12.5

12

C 收纳架（小）

12

25

D 平面架（大）

挂钩 长度不同的挂钩有好多种。

3

3

E 挂钩（7 个装）

B 黑色的洞洞板（有色洞洞板）

C 小尺寸的平面架（12.5 厘米 ×12 厘米）

D

除此之外还有很多专用的配件！

弟弟的房间里也有洞洞板

不会影响旁边抽屉的使用

旁边摆着手办会影响抽屉的打开，所以那一部分不做装饰。把白色的洞洞板紧紧夹在床和抽屉之间，这样即便发生地震也不会倒。

手办收在收纳盒上！

110日元就能买到的装调料的收纳盒也可以用来做装饰性收纳。去掉原本收纳盒上用来挂在冰箱上的部分，装上挂钩挂在洞洞板上。收纳盒中间有隔板，手办可以立起来放在里面。

把两种墙面收纳叠加使用

原本房间里放的白色洞洞板和大创的洞洞板专用挂钩的尺寸是对不上的。因此，先在白色板子上挂了一块大创的黑色洞洞板，然后再往黑色板子上挂别的东西。

洞洞板（木质）

弟弟房间里用的黑色洞洞板的高度是我房间里的一半。

一花用自己的钱买了好多动漫周边，而且还用这些周边装饰房间，所以不知不觉中，房间里就全是周边了！

我不觉得有很多自己喜欢的东西是件坏事，而且我自己也喜欢收集东西，所以非常理解一花的心情。

我建议一花："要不要和小修的房间一样做一个墙面上的收纳？"她说不想在房间里放那么大的东西，所以自己选了现在这款洞洞板。弟弟房间里白色的洞洞板是木质的，木刺容易伤人，所以在周围贴了一圈胶带。一花选的这个板是塑料的，所以比较安全，而且既小又轻，很容易就能装好。

阳子的使用心得

在墙面上做装饰性收纳，能让房间变得更宽敞！

商品名

分格收纳盒

	品牌 大创	颜色 透明	尺寸 各种各样	材质 聚丙烯	价格 110 元（含税）

特点

15格

23

16.5

3.4

分格收纳盒（大）

1 隔板和盖子间的缝隙很小，放在格子里的东西不会随便移位。

2 收纳盒中也留出了较大的空间收纳较长的物品和量多的物品。

3 隔板很薄，这样使每个格子看起来容量很大！

像宝石箱一样

把用小珠子做的史莱姆放进盒子里，特别可爱！用它们把房间装饰得美美的，让人心情愉悦。

方法

纵放

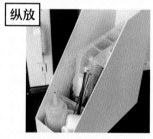

放办公用品的盒子可以把需要的东西都放在一起，然后和文件夹共同竖起来存放。

平放

把放小珠子的盒子平放在抽屉里，以免珠子从缝隙里漏出去。

注意事项

⚠ 市面上有很多不同尺寸的盒子，百元店也有类似的产品。隔板数量和尺寸会有细微的差别。

⚠ 使用时要仔细考虑存放的东西、位置和方法。

⚠ 如果没有把盖子盖好，万一盒子掉在地上，里面的东西会散落一地，非常麻烦。

11
格

最适合收纳零碎物品

非常轻便，非常适合装进包里。

分格收纳盒 No.4

3

12.2

14.4

我尝试了
各种形状和大小的
分格收纳盒！

它们的隔板数和尺寸都不一样，也有各自不同的特点。

4
格

每个格子的空间都很大

最适合在需要分类收纳且每种东西数量都很多的情况下使用！

分格收纳盒 No.1

3.9

13.1

18.7

7
格

隔板可以随意调整

隔板可以随意取下或者改变位置，所以长条状的物品也能放下。

分格收纳盒 No.2

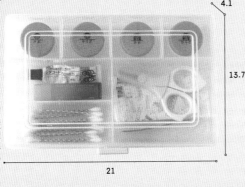

4.1

13.7

21

25

分格收纳盒（10 格装）

每个格子带把手，即便是小孩子也能轻松使用。它的特点是比其他的盒子轻薄，而且每个格子都有独立的盖子。

10
格

每个格子上都有独立的盖子

2.5

10.3

能把玩具、点心、缝纫用品都一目了然地统一收纳起来的分格收纳盒十分实用。我还记得买到这个盒子以后，一花高兴地把小珠子和工具都放进去的样子。

收纳方法也在逐渐发生改变。最初用分格收纳盒是想把东西归类存放，但是为了在制作过程中方便选择颜色和花纹，逐渐变成了根据颜色来分类。我能感觉到女儿为了使用而做出的思考和努力。

虽然也有按照物品种类来分类的方法，但有些物品按照使用目的来分才比较实用。我也一样，整理衣服的时候，不仅按照材质，也按照"用于演讲"和"用于实地作业"之类的目的来进行收纳。

▼ ▼ ▼

阳子的使用心得

分类方法很多，中途改变也可以！

商品名

标签打印机

| **品牌** KING JIM | **颜色** 褐色和米色 | **尺寸** 长 13.3 厘米、宽 5.5 厘米、高 14.6 厘米 |

| **材质** ABS 树脂 | **价格** 16500 日元（含税） |

特点

2 可以轻松放入 2.4 厘米宽的胶带，做出很大的标签，方便查看。

13.3　5.5

14.6

1 特别高兴可以把自己画的画做成标签。

3 有很多模板，很轻松就能做出好看的标签。

4 之前我一直习惯用打印机上的按键在标签上打字，并且觉得很有乐趣，不过用手机操作确实方便了不少。

使用方法

1 可以用手机设计标签。

2 输入文字，就可以打印标签。

3 想加图的话，把图保存在手机上，就能导入到标签上。

5 颜色沉稳简单，摆在外面也能和整个房间融为一体。

注意事项

⚠ 因为要用手机操作，使用时父母在场比较好。万一在手机上点错了就糟糕了。

AB 记录了赏叶植物的名字和浇水频率的标签；C D 家人常用的自封袋，根据尺寸分类，在隔板上贴上标签；E F 女儿壁橱上的标签印着她自己画的衣服小像；G 把孩子们的画做成标签贴在笔记本上，为了知道是谁画的，我还加了孩子名字的首字母；H I J 存放调料、食材的盒子上贴着标记内容的标签。

*图说由妈妈撰写。

对于我来说，这台标签打印机是一件让人十分开心的商品！把女儿画的画做成标签贴在笔记本上，外出时随身携带，就能随时看到了。即使现在我也会带着孩子们给我画的画，不过一堆画放在一起真的太大了。做成标签的话不仅轻便，也方便整理，真是太棒了！

▼▼▼

阳子的使用心得

并不只是简单的标签，也是回忆的载体！

商品名		

自封袋

品牌 Seria	颜色 透明	尺寸 各种各样
材质 聚丙烯	价格 110元（含税）	

4 因为带封口，封好自封袋以后里面的东西就不会撒出来。

1 seria的自封袋很厚、很结实，不容易破。

2 把盒子里的东西装进自封袋就能实现轻便收纳。

3 把物品放进自封袋也可以防水。

使用方法及注意事项

用硬质卡盒来收纳自封袋。选择比自封袋稍大一点儿的卡盒，为了方便取出只把自封袋放进去一半。

用多层文件盒收纳不同尺寸的自封袋时，要按照尺寸分类。

特点

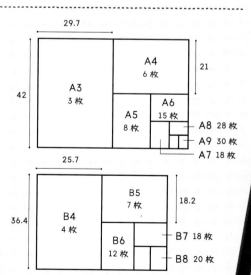

29.7		
A3 3枚	A4 6枚	21
	A5 8枚 A6 15枚	

A8 28枚
A9 30枚
A7 18枚
42

25.7
B4 4枚 / B5 7枚 / 18.2 / B6 12枚 / B7 18枚 / B8 20枚 / 36.4

可收纳纸张的尺寸。实际商品可收纳如图示尺寸的物品。

总之，自封袋有很多尺寸，可以根据想要收纳的物品大小来选择。尺寸不同的自封袋，每包里的数量也不同。

创意搭配 01

活页环 ——

把自封袋
串在活页环上

平时会把手工用的线和串珠、乐高之类的玩具都放在 B8/A7 大小的自封袋里。然后，在自封袋的一边用打孔机打孔，串在活页环上。这样就能很方便地带着这些小东西出门啦！

创意搭配 02

—— 自封袋

内容（内侧）——

A4 尺寸的收纳剪贴板
（无印良品）

贴上自封袋就能
做票夹了

这是妈妈的主意。在无印良品的可收纳剪贴板的内侧，用双面胶贴上自封袋，就能封存小票之类的东西了。控制厚度的关键点在于要选大尺寸的自封袋。袋子是透明的，能看到里面的东西，这样就不会忘记了。

旅行的时候
可用 A3 和 A4 的
自封袋装衣服！

衣服叠好放进自封袋，竖着装进背包。我经常会因为书包里面乱七八糟而找不到想要的东西，所以要尽量竖着装进去。

两天一夜的旅行，我会把睡衣和第二天的衣服分别装进 A3、A4 的自封袋里。自封袋能压缩空气。换下来的衣服也可以放进原来的自封袋里。

　　自封袋可用于各种收纳。它随处可见，材质也有所不同。seria 的这套厚且结实的自封袋是最好用的。自封袋的尺寸很多，能够满足我家所有需要收纳的物品的尺寸！

　　我知道女儿对于往书包里放学习用品的方法和顺序有自己的规则，她把东西放进书包的时候也会考虑很多。比起"放进去省力"，她更愿意"拿出来省力"，这种想法很好。这么做的话就能很轻松地把需要的东西从包里拿出来，找东西的时间就能省下来。等她长大了，这种想法也能派上其他用场。

▼ ▼ ▼

阳子的
使用心得

多考虑使用时的情况，
使用的时候才能轻松
无忧！

06

商品名

收藏展示盒（带分隔）

品牌 Seria	颜色 透明	尺寸 长 13.8 厘米、宽 6.1 厘米、高 19.9 厘米
材质 苯乙烯	价格 110 日元（含税）	

特点

2 不仅能收纳徽章，也能收纳钥匙扣。

3 可以用小珠子、纸花和纸胶带来装饰。

1 没有随便把徽章挂在哪儿，而是把它作为装饰，这就很好！

13.8

6.5

6.5

6.1

直径 6.5 厘米以内、厚 1 厘米以内的徽章和发圈可以放进去。

使用方法

1 把盖子从下方打开，把徽章放进去。

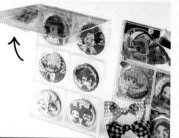

2 只要徽章的厚度小于 1 厘米，就能带着徽章套一起放进去。

直径为 50 毫米的徽章适用徽章套 10 个。

注意事项

⚠ 徽章有时会转歪，建议用双面胶粘上。

收藏 4 环活页夹

收藏 对开明信片收纳袋

对开明信片收纳袋比较厚，并且很结实。妈妈一般会把新衣服上带的备用扣子或布料收在里面。

收藏 钥匙扣展示盒

盒子里有 5 个凹槽和卡扣可以用来放挂绳和钥匙扣。照片里是一花送给妈妈的手链。

收藏 亚克力钥匙扣支架

厚度在 1.8 毫米～3 毫米的东西，可以放进支架中间的凹槽里。透明托盘和支架三个为一组，托盘和支架之间夹的纸可以调整。

Seria 的收藏系列都可以用在装饰收纳上！

收藏展示盒意外地占地方，所以要先想好摆放位置的宽度再买。还有许多其他产品可以用来陈列物品。

在女儿和我说"妈妈，我想要 Seria 的展示盒"之前，我完全不知道还有这种东西。

还记得自己去买的时候，在店里找也找不到的辛苦模样。我以为会在收纳用品区，所以来来回回找了好久。最后怎么也找不到，于是问了店员，原来是放在用来收纳明星周边的收集用品区的，店员带我过去的时候，我特别吃惊！

因为职业的原因，我需要对各种收纳物品有所了解，所以现在两个区都要看。女儿喜欢用的收纳用品，如果是我的话会怎么用呢，这么想想也很开心。

阳子的使用心得

居然连明星的应援周边都有收纳用品，太吃惊了！

商品名		

钢制书立

品牌 无印良品	颜色 灰白	尺寸 大、中、小 3 种
材质 钢	价格 大：290 日元、中：250 日元、小：190 日元（含税）	

特点及使用方法

1 无印良品的书立很结实。

2 样式简单，能和房间融为一体，有大、中、小 3 种。

3 可以在上面加磁吸。

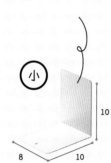

小
10
8 10

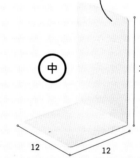

中
17.5
12 12

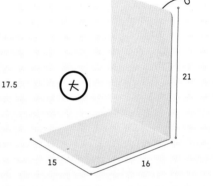

大
21
15 16

4 不仅可以正着用，也可以倒着、斜着用，各种角度都可以在收纳中派上用场。

物品支撑
作为书立，稳定的支撑不让书本倒下，是它最广泛的用法。

物品分类
放在抽屉里或者架子上，把空间分隔开进行收纳。

物品斜放
把书立倒扣在抽屉里或者架子上，让物品可以斜着立起来，方便看到。

物品悬挂
把书立倒扣挂在书桌或者架子边上，就能挂一些带磁吸的小玩意儿和挂钩。

磁吸条

无印良品也有很多磁吸式的收纳用品，可以配合一起使用。书立和磁吸都是白色的，色彩简单，很好搭配。

聚丙烯文件盒配套的笔筒

带磁吸的铝制挂钩

注意事项

⚠ 悬挂使用时，为了安全，最好用双面胶固定。

⚠ 钢铁制品多少会有些重量，掉在地上会把地板砸坏，砸到脚会很疼！

在梶谷家，书立被摆放成各种角度使用

＊图说由妈妈撰写

物品分类 ▶▶▶

袜子和打底裤

黑色的袜子和黑色的打底裤混在一起很难找，用书立可以把它们分隔开。

调料

收纳时经常用到的东西会放在前面。要取出放在后面的东西时，拉一下书立，把前面的东西移动一下，就能很方便地拿出后面的东西了。

物品斜放 ▶▶▶

玩具

收纳几个相同大小的盒子时，并不是摆在一起存放，而是倾斜存放，这样比较容易取出。

速食

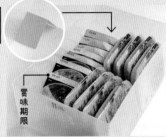

赏味期限

把书立倒扣放进盒子里，把速食产品斜着排列在里面。这样就能看到包装上的保质期了。

物品悬挂 ▶▶▶

扫除工具

把书立挂在桌子上，用双面胶固定。安上磁吸挂钩，把扫除工具挂在上面就不占空间了。

插座

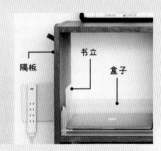

隔板　书立　盒子

把书立固定在隔板和盒子之间，吸上磁吸式插座，就能给电脑供电了。

我告诉女儿："只要自己下功夫，就能从收纳用品中创造出许多不同的用法！"钢制书立就是可发挥性最大的一种。女儿从这一样东西上创造出了很多不同的使用方法。女儿感叹"这种用法居然成功了！思考收纳的方法真是件有趣的事情"的样子也留在我的记忆里。

"自己思考，自己实践"固然重要，但是练习的过程却困难重重。享受收纳整理的过程，让这件事和练习自然地结合在一起。所以，我一直希望女儿可以享受收纳这件事，而我也期待将来她能做出富有个人特色的收纳。

▼▼▼

阳子的使用心得

使用方式变化多样，是培养孩子创造力的单品！

08

商品名

聚苯乙烯分隔板

| 品牌 无印良品 | 颜色 半透明 | 尺寸 大、中、小 3 种 | 材质 聚苯乙烯 |

价格 大: 790 日元 中: 490 日元 小: 350 日元 （含税）

特点

1 看起来不起眼，但用起来最方便！

3 可以自由决定长度，配合多种收纳用品使用。

中号

7

0.2

36

2 很软，很容易就能掰开。

1

使用方法

1 在使用位置内侧，确认分隔板长度。（不用特意量尺寸也可以）

2 把分隔板在合适的位置掰开。

3 交叉组装在一起。

3

▼

注意事项

⚠ 掰错长度也可以用胶带再粘起来，但是一旦掰开了就不能恢复原样了，所以不要浪费啊！

小号和中号组合使用

在梶谷家，3 种分隔板分开使用！

* 图说由妈妈撰写

 小

文具

高度 4 厘米

小号分隔板完美契合了浅口抽屉的尺寸。厨房的格子架上的抽屉里放着全家人的文具。每种文具都用分隔板隔开，摆放位置一目了然。

卡

把分隔板按照盒子的尺寸装好，各种卡和证件可以卡在分隔板的嵌口里。卡和卡之间没有叠在一起，所以一目了然，就不用一张一张地确认了。

4
10 20
聚丙烯桌内整理盒

中

笔

高度 7 厘米

这是女儿想出的收纳方法。在无印良品的化妆箱里装上分隔板，把笔按照颜色分别放进去。如果想要方便取用的话，中号分隔板最合适。

8.6
15 22
聚苯乙烯化妆箱

鞋带

备用的鞋带被整理好收在盒子里。因为它们被一定高度的分隔板隔开，所以不会缠成一团。分隔板也很适合收纳这种细长的物品。

8.6
15 22
聚苯乙烯化妆箱

大

鞋

分隔板

高度 11 厘米

为了增加鞋柜的层数，以前会用支撑棒多支出一层来，但是架子会被支撑棒撑大……用胶带将多个分隔板贴好，然后把置物架放上去。大号分隔板的高度和童鞋的尺寸差不多。

防护用品

为了不让防护用品彼此接触，用分隔板把防晒霜、防虫喷雾等外用防护用品分类放好。分隔板不会妨碍盒子把手的使用，尺寸也适合被收纳的东西。

16.9
15 22
聚苯乙烯化妆箱

分隔板原来只有一种尺寸，只能用在某些特定高度的抽屉里。我一度觉得它不太好用。但是，后来发现分隔板出了 3 种不同的尺寸，我特别高兴！而且它的质地很软，连小孩子也能轻松掰开。

为了放笔，把分隔板和化妆箱组合在一起时，女儿说："用小号分隔板，笔容易乱；用大号的，笔又不好拿。"所以选了中号。可见，并不是随便什么大小都行。如果能充分考虑和分隔板组合的物品尺寸再做选择的话，就非常厉害了。

阳子的使用心得

选择适合自己练习收纳的物品！

* 商品全部来自无印良品。

09

商品名

便携式收纳箱

品牌 无印良品	颜色 灰白	尺寸 A4 大小	材质 聚丙烯

价格 890 日元（含税）

特点

3 盒子有把手，便于儿童携带。

1 A4 大小的笔记本可以完美放入。

32

7

28

4 形状简洁，方便收纳在家里的架子上。

2 可以把笔记本和笔一起带走。

使用方法

收纳小玩意儿的时候，配合无印良品的抽屉整理盒一起使用就不会乱套了。

聚苯乙烯抽屉收纳盒 3x3 件   聚苯乙烯抽屉收纳盒 2 个

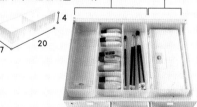

4

6.7   20

*抽屉收纳盒有 4 种

注意事项

⚠ 不盖好盖子的话，拿起来的时候里面的东西就会掉出来。

⚠ 塞得太满，硬要合上箱子的话，盖子容易坏。

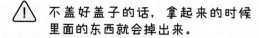

创意搭配 1　自制颜色样本册

笔盖的颜色和实际的颜色是有出入的，自己做一本颜色样本册放在收纳箱里，就不用每次画画之前都确认颜色了。

创意搭配 2　提高可收纳的笔的数量

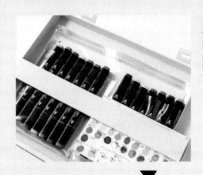

在收纳箱盖子一侧加上收纳袋（B5尺寸）。箱子里面放笔记本，收纳袋里面放笔。这样就可以只带一个箱子。为了直观地看到笔的颜色，可以选透明的袋子。

收纳一套便携式绘画工具

我配合收纳箱使用的抽屉收纳盒，有3种不同的尺寸。
收纳箱内部有凹槽，收纳盒可以直接嵌进去。

因为是用来装需要带去户外的绘画套装，所以我选了看不见内部的灰白色收纳箱。这种收纳箱还有半透明的。

阳子的使用心得

不仅要方便存取，方便选择也很重要！

　　我买这个收纳箱，是因为女儿想带着绘画工具去奶奶家。我还记得女儿高兴地把笔和笔记本放进去的样子。

　　令我吃惊的是，她还根据箱子里的笔自己做了颜色样本册一起放了进去。她的理由是，选笔的时候能立刻知道颜色，我觉得她做得很好。"收纳的时候要考虑使用时的情况"，不仅要拿取方便，也要使用时好用易选。我也经常从女儿的收纳整理中获益。

商品名		

聚丙烯垃圾箱（方形）

品牌 无印良品	颜色 灰白	尺寸 迷你（约 0.9L）
价格 聚丙烯	价格 390 日元（含税）	

特点

关盖使用

▼

270 度打开

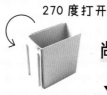

敞口使用

▼

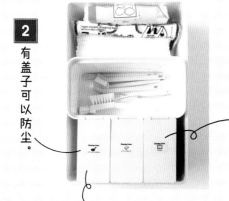

2 有盖子可以防尘。

1 形状规整，不论放在哪里都显得很整齐。

4 除了装垃圾之外，也可以收纳小件物品，用途多样。

3 盖子可以 270 度打开，和箱体外侧紧密贴合，不影响垃圾箱的使用。

使用方法及注意事项

迷你
14
7 13.5

小
20
10 19.5

大
31
15.5 30

约 0.9L
放在洗脸池和桌子上也不会碍事的尺寸。

约 3L
大小刚好可以用来放洗漱间和厕所的垃圾。

约 11L
能够容纳 A4 大小的垃圾，是 3 种里最大的。

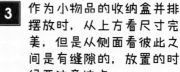

缝隙

1 有 3 种不同的尺寸。

2 如果垃圾特别多的话，选迷你的很快就满了。

3 作为小物品的收纳盒并排摆放时，从上方看尺寸完美，但是从侧面看彼此之间是有缝隙的，放置的时候要注意这点。

垃圾箱旁边是磁吸式闹钟，闹钟底下的挂钩挂着手电。书立上边放着纸抽。

清单　随手就能放进去的收纳空间

磁吸条   钢制书立（大号）

&

▶ P.048

垃圾箱的侧面贴上磁吸条，就能吸在无印良品的钢制书立上了。不过，要注意的是，要固定好书立不要让它掉了，以及别把垃圾箱装得太满。

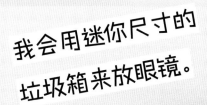

我会用迷你尺寸的
垃圾箱来放眼镜。

SPECIAL CAFFEE

书立挂在书桌左边，用双面胶固定，垃圾箱盖打开吸在书立上。这个距离刚好是从床上就能伸手够到的。所以眼镜很轻松就能放进去。

　　在选睡觉时放眼镜的盒子时，我考虑了很多方案。我本来建议用更轻巧的盒子，女儿却干脆地拒绝了。理由是，她觉得方便地拿取的大盒子比较好。

　　选了这个盒子以后，为了不落灰，我又建议女儿把盖子合上，也被干脆地拒绝了，理由是开开关关很麻烦。不过，这个理由让我意识到，女儿对哪些是适合自己性格的收纳用品和收纳方法是完全清楚的。我也是花了很久才意识到找到适合自己性格的收纳方法的重要性，而女儿很自然就做到了，这点很了不起。

阳子的使用心得

比起轻巧，更重视轻松的「懒人」收纳！

CHAPTER 04

我家房间的
改造前和改造后

利用宅家时间重新审视 4 个房间的布局及收纳

随着在家时间的延长，
孩子们的东西增加了，家具的配置也发生了变化，
因此我家的布局和收纳也慢慢发生了变化。
其中变化比较大的是，
餐厅、女儿的房间、榻榻米房间、卧室这 4 个空间。
那么，我和女儿是如何商量改变收纳方式的呢？
接下来我会对比改造前和改造后的照片来讲解要点。

DINING
餐厅

KID'S ROOM
女儿的房间

JAPANESE STYLE
ROOM
榻榻米房间

BED ROOM
卧室

梶谷家的布局 & 房间

1楼

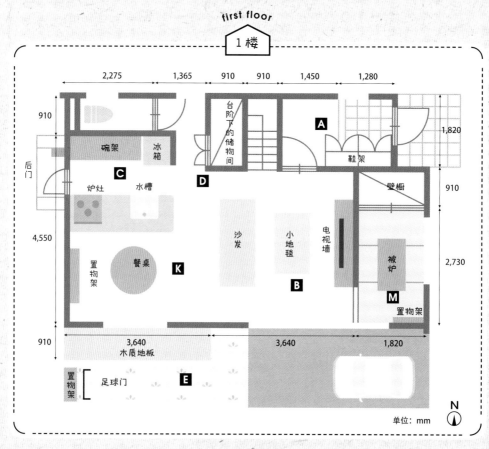

2,275　1,365　910　910　1,450　1,280

910

后门

碗架　冰箱

C　炉灶　水槽

台阶下的储物间

D

A

鞋架

壁橱

4,550

置物架　餐桌　**K**

沙发　小地毯

电视墙

被炉

M

置物架

B

910　3,640　木质地板　3,640　1,820

1,820

910

2,730

置物架　足球门　**E**

单位：mm

N

2楼

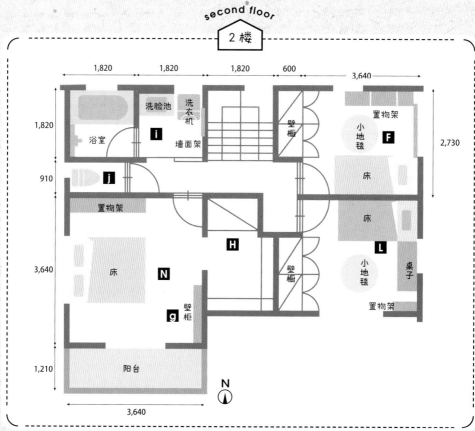

1,820　1,820　1,820　600　3,640

浴室　洗脸池　洗衣机　壁橱　置物架　小地毯　**F**

1,820

i　墙面架

床

910　**j**

置物架

床

H　**L**

3,640

床　**N**

壁橱

小地毯　桌子

g 壁柜

置物架

1,210

阳台

2,730

N

3,640

058

利用宅家时间
重新审视收纳场所

P.064

K 餐厅 /Dining

新冠肺炎疫情导致学校停课，家里的儿童用品增加，于是我重新整理了餐厅的置物架。

P.070

L 女儿的房间 /Kid's room

女儿一直和我们睡在一起，升入小学六年级的春天，我决定把她的床搬回她的房间。

P.076

M 榻榻米房间 /Japanese style room

原本是一个3张榻榻米大小的空荡荡的房间，为了让宅家的生活更加舒适，我购入了心心念念的被炉。

P.080

N 卧室 /Bedroom

女儿的床搬出去之后，房间开阔了一些，于是我购入了新的置物架，用来放置一些工作用品和回忆之物。

B 客厅 /Living

A 玄关 /Entrance

D 楼梯下方 /Living

C 厨房 /Kitchen

F 儿子的房间 /Kid's room

E 院子 /Garden

H 工作台、壁橱 /Bedroom

G 化妆台 /Bedroom

A B 玄关和客厅只留必需品，保持干净整洁。**C** 厨房里的餐具、调味料、食材放置在一步半以内的地方方便拿取。**D** 楼梯下方区域可以收纳一些孩子充满回忆的作品，或者电池等需要囤货的日用品。**E** 院子里使用人工草坪更方便打理，同时也可扩大游戏空间。**F** 儿子的房间装饰了许多他喜欢的东西。**G** 位于卧室一角的化妆台。**H** 卧室内的工作台也重新进行了收纳整理（详见P87）。**I** 镜子后面也是收纳空间。**J** 因为打扫费时费力，所以没有铺地垫。

I 洗脸池 /Utility

J 2楼卫生间 /Toilet

059

改造前

1

女儿上小学低年级时

改造前

2

女儿上小学中年级时

餐厅是一个家人会花大量时间共处的空间。因此，餐厅的置物架是家庭收纳中最常被更改的部分。

改造后
3
女儿上小学高年级时

布局

改造前1

■ 家庭共有物品　　■ 妈妈的物品
■ 女儿的物品　　　■ 孩子们的物品

改造前2

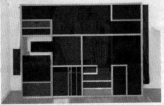

■ 家庭共有物品　　■ 妈妈的物品
■ 女儿的物品　　　■ 孩子们的物品
■ 儿子的物品

改造后

※

■ 家庭共有物品　　■ 儿子的物品
■ 女儿的物品　　　■ 孩子们的物品

阳子的
使用心得

配合家庭的生活方式，收纳一天天进化着！

当时家庭共有物品、女儿的物品和妈妈的物品分别占据了置物架1/3的收纳空间。女儿需要在餐桌上写作业，所以餐厅置物架还需要收纳教科书、文具和书包。于是，我将女儿的物品都集中收纳在女儿齐腰高的第2层空间里。我也经常会在餐厅工作，所以妈妈的物品也占据了相当多的空间。

▶ P.064

▶

弟弟上幼儿园后，书包和文具等属于"儿子的物品"变多了，于是我将"妈妈的物品"移往别处，并增加一列置物架。置物架整体变成了4列。为了避免两个孩子争吵，我尽量平均分配他们各自的储物空间。在收纳孩子的物品时，我尽量以"方便拿取"为原则。

▶

停课期间，家中孩子们的玩具一下子就变多了。于是我下定决心，将这里彻底改造成以孩子为主、方便孩子们拿取的收纳空间。置物架右侧是"女儿的物品"，左侧是"儿子的物品"。
※ 收纳夫妇俩各自的电脑

改造前 │ 女儿上小学低年级时

平面图

入口

壁橱

小地毯

置物架

全身镜

阳子的
使用心得

升入小学，改变房间布局，
准备新增家具！

女儿很小的时候就非常喜欢穿搭。为了让她每天
更方便地挑选喜欢的衣服，我买了全身镜。家具
和收纳用品都是女儿自己挑选的。

餐厅成了孩子们的学习空间，于是女儿可以在自己的房间里打扮和肆意玩耍。

改造后 | 女儿上小学高年级时

平面图

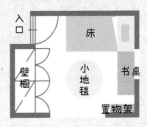

入口

床

壁橱

小地毯

书桌

置物架

阳子的
使用心得

新增床和书桌，
改变置物架的放置方式，
实现空间节省！

将横向摆放的置物架改为纵向摆放，坐着就能够拿取置物架上的物品。为了物品的摆放一目了然，将置物架放置于房间角落。这样一来，哪怕是再塞入一张床和一张书桌，也能够确保居住空间的舒适。

▶ P.070

D
DINING·餐厅

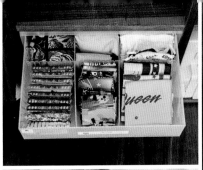

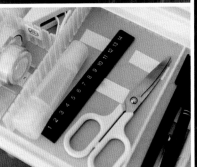

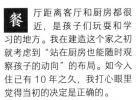

餐厅距离客厅和厨房都很近，是孩子们玩耍和学习的地方。我在建造这个家之初就考虑到"站在厨房也能随时观察孩子的动向"的布局。如今入住已有10年之久，我打心眼里觉得当初的决定是正确的。

以前的餐厅于我而言不过是工作的地方，现在已经成了孩子们首选的玩耍地点。孩子们待在这里的时间变长，说明这里已经转变为易于玩耍的空间。

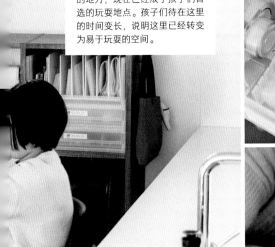

D

DINING · 餐厅

legend:
A 拉链式文件袋　B 孩子们也用得上的信纸和信封　C 零钱、票据等　D 女儿的手帕和纸巾　E 女儿的教科书和笔记本
F 儿子的教科书和笔记本　G 孩子们的手工用具　H 电脑、手机、充电器

01　孩子们的文具

在餐厅画画时使用的文具。为了方便收拾，我分门别类地将文具整理好并贴上标签，这样用完就能很快放回原位。标签有『长彩铅』『短彩铅』等。

02　上学用品＆玩具

上学用品放在透明可视抽屉里，玩具放在非透明抽屉里，彻底区分可以帮助孩子意识到非娱乐用品和娱乐用品的区别。

03　背包

学习和练字所使用的背包挂在置物架侧面。右边是女儿的，左边是儿子的。

04　家庭共用文具

在分隔板的侧面贴上图画类标签，在下面贴上文字类标签，可以区分每一种物品的摆放位置。我使用的是标签打印机（详见P42）。

05 备用上学用品

女儿在学校会使用的创可贴、唇膏、胶水、抹布、画具等备用品大都收纳于抽屉内。

06 女儿的画具

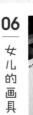

女儿使用的各种本子。女儿把自己的脸画下来，然后和"mine"的标签一起贴在文件盒上。

07 日用杂货

为方便拿取靠里的手电筒，使用可调节书架（详见 P36）垫高。

08 儿子的外出物品

儿子去奶奶家玩时携带的文具收纳于收纳箱内。

09 电脑

收纳电脑、手机等。这里靠近插座，电子产品放在这里可以顺便充电。

10 打扫用具

在置物架的最左边，收纳了扫拖一体机器人的滤网和充电器。

11 儿子的画具

收纳儿子在餐厅和客厅使用的颜料、画笔和彩铅等物品。

12 家庭计划表

在白板上整理出一个月内的计划。用不同颜色的标签区分家庭成员，并贴在白板上。每周的计划比如扔垃圾等事项用图画标签表示。白板后面有一个透明文件袋，可以收纳标签。

阳子的使用心得

目前而言的最佳收纳！

优先考虑孩子们能够方便拿取的收纳方式，让孩子愿意自己收拾，也让家长非常省心。我跟孩子们商量："玩具难免会看起来杂乱，所以让我们花点儿心思收起来怎么样？"孩子们都表示赞成。所以东西虽多，但是通过收纳能够尽量让空间显得整洁。

一花的使用心得

"粗略收纳"实用且轻松！

要带去学校的东西、玩具还有弟弟的东西虽然在不断增加，但是现在的置物架安排是最实用的，我很喜欢。收纳的时候没有像"文具"或者"防护用品"这样按名称区分，而是像"每天要带去学校的东西"或者"备用画具"这样按使用目的和频率来区分，并放置于一个抽屉内，可以有效减少多余动作，轻松拿取想要的物品。

更新收纳方式

我和女儿一边商量一边把放在餐厅置物架上女儿的物品重新进行了整理。敞开式置物架，可以随意调整收纳用品，这是它的魅力所在。

更新收纳方式 No.1
信纸和信封

信件套组是为了给朋友写信而购买的。最近儿子的使用次数也增加了。

更新前

用透明文件袋按种类进行收纳。

收纳的评价 ★

 每次拿取都要拉开抽屉再打开文件袋，说实话挺麻烦的……能再方便一些就好了。

 一开始保管的是不拆封的信纸，结果信纸粘在了袋子上，很难拿出来，于是换了文件袋进行收纳。

▼

更新后

活用敞口型收纳盒的小隔间进行收纳，使拿取过程变得轻松。

收纳的评价 ★★★★★

 这个收纳方法厉害了！拿着方便，还很容易区分。小修（弟弟）也能很轻松拿出来。看样子我也不用再烦躁啦。

 "机会难得，这次要设计成对孩子们超级无敌友好的收纳。"抱着这样的想法，我采用了这种一目了然的收纳方式。再也不用拉开抽屉，然后打开文件袋拿取了，和以前真是大不同。妈妈在进行备品补充的时候也轻松不少。

更新收纳方式 No.2
小口袋

用来装纸巾和手帕的随身携带的小口袋。

更新前

小口袋是每天都要带去学校的东西，所以就近放在书包旁边。

收纳的评价 ★

 在书包旁边放一个盒子，然后再把小口袋放在里面。拿书包的时候经常碰掉盒子，觉得很碍事。

 原本是想让孩子学会自己整理小口袋，才会想要放在这里。孩子也确实没有忘记过带走，所以一直很放心，但……

▼

更新后

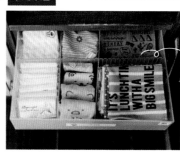

收纳在书包正下方的抽屉里。

收纳的评价 ★★★

 再也不用因为碰掉盒子而心烦啦！放在书包的下面不容易忘记，手帕和纸巾也放在这里，所以整理起来很方便。

 放进盒子里一眼就能看到，所以才这么安排，但是未必"减少动作频率 = 轻松和无压力"。这让我得了个教训，没有必要过度使用收纳用品，否则会影响到其他收纳部分（比如书包）。

更新收纳方式 No.3
教科书和笔记本

面对越来越多的教科书和笔记本，我用分隔板将它们立起来收纳。

更新收纳方式 No.4
手机和充电器

旅游时使用的手机和游戏机、充电器也都统一放在这边。

更新前

贴上『小学部分』『自主学习部分』『借来的书』等标签进行区分。

收纳的评价 ★★★★☆

虽然贴上标签很易于区分，但是"小学部分"在不断增加，空间不够用了，只好先安排多出来的部分去书包旁边"避避难"……

放在书包旁边可能有点儿碍事？"借来的书"和"自主学习部分"还有空间，要不先移到那边？

更新前

为了让充电器看起来井井有条，使用亚克力盒子进行收纳。

收纳的评价 ★★★☆☆

按种类区分收纳可以很容易找到需要的物品，但是有时候拿手机会被充电线缠住，让我很烦躁。

我的想法是充电的时候不用到处找线很方便，所以才把与产品配套的充电线一起收纳了，但……

更新后

撕掉标签改为粗略收纳。

收纳的评价 ★★★★★

之前的收纳总会让我潜意识里觉得"不能放标签以外的东西"！更改之后，右边是"学校用品"，左边是"其他"，这样的粗略收纳终于能够充分利用空间了！

我没想到一花会这么遵守标签标识！原本是想方便她拿取才使用了标签，现在看来她已经能够记住每一件物品的位置，不贴标签也没问题了。不过，这次去掉标签也让人不禁感叹她的成长呢。

更新后

充电器用收纳袋装起来挂在侧边，放手机的空间变得清爽了许多。

收纳的评价 ★★★★★

之前的收纳方式导致不把盒子抽出来就拿不到里面的东西。现在的收纳方式不管拿什么都很方便、轻松！

新冠肺炎疫情导致使用电脑和平板的频率增高，之前的收纳方式完全无法应对这种变化。于是，我采用了开放式收纳架，把充电线分开收纳，而且插座就在旁边，收纳的同时还能顺便充电，完美！

K

KID'S ROOM · 女儿的房间

儿 童房一直是我和女儿一起
布置。我们一起选家具，
一起装饰墙壁，一起商量哪种感
觉最好、最适合……在布置房间
方面，随着女儿的成长，我能起
到的作用减少了许多。但是，这
个充满了女儿"心爱之物"的房
间，于我而言也是最珍视、最喜
爱的空间。
女儿升入小学高年级后，独自待
在房间的时间变多了。她有时候
会思考一些问题，或者沉浸在书
中。现代社会让独处变得珍贵，
所以我也希望这里能成为疗愈的
地方，能让女儿展露笑颜。

muffin

coffee

Ⓐ 大创的洞洞板（详见 P38）
Ⓑ 把纸巾放在躺在床上伸手就能够到的地方（详见 P55）
Ⓒ 抽屉里放着素描本和笔记本（详见 P73）
Ⓓ 左边的抽屉里放着画笔（详见 P73）

布局

■ 动漫周边　　■ 文具
■ 素描本和资料

桌子不是用来学习的，
而是用来画画的。正面
墙上和侧边置物架上都
放了很多动漫周边。

把无印良品的文件盒和笔筒组合起来，进行文具的分类收纳。笔筒是嵌入文件盒内部而不是挂在外部，这样更省空间，也不会干扰其他部分。还能形成台面，在上面放上喜欢的娃娃。

阳子的
使用心得

活用有限空间

我想了很久要怎样同时确保娃娃、动漫周边、画具、文具的空间。我建议用组合收纳的方式达到"省空间且可装饰收纳"的目的，这点能够被采纳，我很开心！

一花的
使用心得

充满"心爱之物"的空间

动漫周边和文具让这里成为一个疗愈空间。妈妈让我按自己的喜好装饰，所以我想放什么都可以。就算位置不够了，妈妈也会提供建议！

考虑到这是女儿专用的物品，我把原本收纳在餐厅置物架的绘画用品转移到了女儿的房间。

更新收纳方式 No.5
画笔

对于热爱绘画的女儿来说，爱用之物是COPIC马克笔。

更新前

因为总是在餐厅画画，所以就放在餐厅的置物架上了。

收纳的评价 ★★★

 收纳地点合适，但是画画的时候弟弟总来打扰我，画到一半要吃饭了又得都收起来。无法集中注意力好好地享受画画时间是我的烦恼。

 在餐厅画画也不是不行，但是一花房间的书桌不利用起来总觉得有点儿浪费，而且餐厅完全成了文具的囤积地。

更新后

把画笔转移到儿童房书桌的抽屉里！

收纳的评价 ★★★★★

 这样就不会被任何人打扰，专心地画画啦！桌子前还装饰了动漫周边，干劲十足！

 反正就算升初中，放教科书和上学用品的场所也不会有所改变，一花的房间就让她能随时尽情地画画吧！如果能够让她喜欢和重视自己的房间，那妈妈也会很欣慰。

更新收纳方式 No.6
素描本

女儿画画时的必需品。再三考虑之后分开收纳了……

更新前

把正在使用的素描本放在餐厅置物架上（如照片所示），已经用完的放在女儿房间的壁橱里，分开收纳。

收纳的评价 ★★★

 我一直都是在餐厅画画，倒也没觉得很麻烦，但也希望用过的素描本能随时拿到……

 餐厅空间有限，所以肯定不可能全部放在这里。为什么还要把用完的素描本拿出来看呢？

更新后

正在使用的素描本

画画时的参考资料和书

用完的素描本

收纳的评价 ★★★★★

 我想把以前画过的画再画一遍，进行对比，所以希望把用完的素描本也放在一起收纳。

 明白了。收纳的原则是使用频率高的物品优先放在便于拿取的位置，但是未必用完的物品就是使用频率低的。使用带手柄的收纳盒，让参考资料和书变得易于拿取真是个好主意！

01 小型收纳袋

折叠伞和针线包等学校用品集中收纳在小铁筐里挂起来，拿取很方便，也不占空间！

02 充满回忆的物品

运动会的奖牌或朋友送的礼物等充满回忆的物品要既能妥善保管又能立刻拿出来怀念。

03 衣物

衣物分类整理，不重叠，竖起来收纳。拉开抽屉的时候，一眼就能分辨。

布局

- ■ 反季衣物
- ■ 衣物
- ■ 其他物品

壁橱区域分为穿搭区和保存区。自带的衣架对于现阶段的女儿来说过高，所以使用篮子和网子解决了这个问题。

Ⓐ 反季衣物和使用频率低的物品
Ⓑ 腰带和帽子用门背后的挂钩挂起来
Ⓒ 从上往下依次是上衣、下装、袜子和连裤袜、睡衣、毛巾
Ⓓ 从上往下依次是手绢、手套等小物、吊带衫、内衣
Ⓔ 字典等上学用品和保存的书籍
Ⓕ 包包放在盒子里（详见P75）
Ⓖ 运动用品、毛巾、充满回忆的物品、黏土玩具等（详见P75）
Ⓗ 体操服、游泳用品、礼物&信件、黏土玩具等（详见P75）
Ⓘ 当季的外套、针织毛衣以外的上衣

一花的使用心得

从折叠变为悬挂

以前我喜欢把衣服叠起来，除了外套以外的衣服我都是这么收纳的。但是看到弟弟把衣服全部挂起来之后，我也尝试了一下，结果拿取衣物变得好方便！

阳子的使用心得

让收纳"力所能及"

从以前开始"让一花能够自己整理衣装"就是妈妈的目标。为此，构想一种"对于一花而言简便又轻松的收纳"是很有必要的。所以，一定要问过她的意见，然后一起布置壁橱。

更新收纳方式 No.7

包

从悬挂变为放入。
随成长改变的性格和收纳喜好。

更新收纳方式 No.8

玩具

女儿搜集的黏土玩具。
抽屉里终于放不下了……

更新前

在女儿能够到的高度设置杆子进行悬挂式收纳。

收纳的评价 ★★★

包包数量实在太多，所以以前我把它们全部用挂钩挂起来了。一眼看过去好像在逛商店一样赏心悦目，感觉很满足。

这是应对一花"想要包包排排站"的需求所构想的收纳方式。把包包排列开能一眼看到利用率低的包，可以避免"壁橱爆炸"也很不错。

更新后

改变为随意塞进盒子里的收纳方式。

收纳的评价 ★★★★★

现在我觉得特意挂起来很费事，随便一塞绝对省心得多。

看着一花，我切实感受到，人类这种生物的性格总在变，随着年龄的增长，喜好也会变得分明。现在的一花和我很像，很懒散，很怕麻烦。所以，以前虽然会好好整理，但最近总是随意摆放。这也是一花成长的标志吧！

更新后

看着还有多余的空间，于是我又加了一个抽屉用作收纳。

这是一花用自己的小金库搜集的黏土玩具。因为已经用不上了，所以扔掉可以理解，但是我不希望以"没有收纳空间"这种理由强迫她扔掉。收纳的作用就在于想办法留住物品，而不是减少物品！

更新收纳方式 No.9

全身镜

本来使用的是立式镜，后来因为床搬进来了，所以没有放置的空间了……

更新后

让弟弟把房间里的壁挂式镜子让给了姐姐！

抱着增添穿搭乐趣的想法购置的立式镜最后还是不得不更换，真是抱歉啦……但是，多亏一花爱打扮，让她养成了自己的事情自己做的习惯。立式镜有朝一日定会"重出江湖"，就先留下吧。

K

KID'S ROOM
壁橱

更新收纳方式

一花在小学6年中都没有过大的配置变动，但重新改动了一些细节。镜子也搬到了离壁橱较近的位置。

075

J

JAPANESE STYLE ROOM ·榻榻米房间

盖 房子之初，我向丈夫强烈要求留一个空间打造成榻榻米房间，即使很小也没关系。儿子出生后，这里成了换尿布和午睡的地方。后来儿子上了幼儿园，这间榻榻米房间的利用率也变低了。丈夫曾抱怨过"与其留着，不如拆了扩建客厅"。新冠肺炎疫情让原本蒙尘的榻榻米房间有了重新启用的机会，丈夫也感叹它"终于有了房间的样子"。

购入被炉后，孩子们也开始光顾榻榻米房间，女儿甚至化身"被炉蜗牛"（来自女儿形象的形容）。我自己居家办公的时候也常缩在这里。榻榻米房间充满了崭新的疗愈气息，成了备受家人喜爱的空间。

Ⓐ 在绿植和画框上贴上防震垫，防止掉落

布局

■ 家庭共有物品

■ 爸爸 & 儿子的物品　■ 妈妈的物品

原本放置在餐厅置物架的妈妈的物品
被转移到 2 楼，想在 1 楼使用的家
庭共有物品和上学用品等被移到榻榻
米房间。考虑到收纳物和墙壁的尺
寸，置物架选择了较宽的类型（详见
P87）。

01　电话和便签本

疫情导致丈夫在家看电影的次数增
加，音箱也变多了。为此，原本放在
电视机旁边的电话和便签本被移到榻
榻米房间内。

02　文具

使用无印良品的白瓷牙刷架收纳文
具。由于要放在里面，所以使用了
U 形架。

03　标签打印机

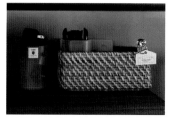

标签打印机（详见 P42）、制作标签时使用的打孔器（单孔）用收纳篮收纳。收纳篮
前放置的白色盒子装有湿纸巾。

04 标签打印机的贴纸

打印机专用的贴纸、制作标签时所使用的一些小工具或缎带之类的物品一起放在这里。标签是为了明确收纳物的位置，花点儿心思能让它们看起来更可爱。

05 湿纸巾

湿纸巾盒子贴有打印出来的富士山图案的标签。既然都要展示出来，何不想办法愉悦自己的眼睛呢？

06 文件·用药记录

对缴税凭证等万万不能遗失的文件进行了分类整理。

07 健身用品

丈夫常用的健身用品统一放在包里，这样在使用的时候直接整个拿出来就行。

08 观叶植物的营养液

营养液使用频率不高，所以就放在了后面，用U形架摆放是为了防止忘记。

09 办公用品

暂时把"寄居蟹"套装放在了榻榻米房间，里面的文件盒装的是学校的通知单。

10 吸尘器

只要发现灰尘就想马上清扫干净，为的此把吸尘器放在了方便拿取且不起眼的位置。

11 打扫用具

桌面簸箕和吸尘器的零部件一起用磁吸固定在钢制书立上。

一花的
使用心得

以前很少来榻榻米房间，现在这里是我最爱的房间！

我一直都没进过这个房间，重新布置之后变得舒适起来，我就总赖在这里了。在这里画画能集中注意力，被炉也太棒啦！以前只在奶奶家用过被炉，现在在自己家也能用，我真的超开心。最近我总待在被炉里，还被妈妈提醒"这间榻榻米房间是属于大家的！不可以过度占用"，以后得注意了。

阳子的
使用心得

配合房间的大小进行简便收纳

买了牵挂已久的被炉，终于能够拥有我心目中的榻榻米房间了！为了配合房间的氛围，特意选用了许多"和式"家居。3张榻榻米并不算很大，除了需要经常拿取的东西以外都选择了简便收纳，这样可以尽量减少开关动作导致占据空间的情况发生。考虑到要容纳所有家庭成员，我选择了全年通用的细腿款被炉。

B

BEDROOM · 卧室

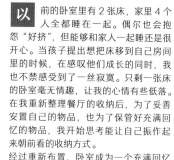

以前的卧室里有2张床，家里4个人全都睡在一起。偶尔也会抱怨"好挤"，但能够和家人一起睡还是很开心。当孩子提出想把床移到自己房间里的时候，在感叹他们成长的同时，我也不禁感受到了一丝寂寞。只剩一张床的卧室毫无情趣，让我的心情有些低落。在我重新整理餐厅的收纳后，为了妥善安置自己的物品，也为了保管好充满回忆的物品，我开始思考能让自己振作起来朝前看的收纳方式。

经过重新布置，卧室成为一个充满回忆和绿色的空间。话虽如此，床搬回去之后，其实孩子们也多睡在这个房间。这样一来，无处可睡的我只能待在孩子的房间里一个人睡。不过，这是我的小秘密。

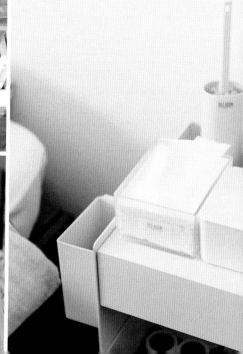

Ⓐ 出版过的书籍　Ⓑ 女儿使用过的眼镜（详见 P3）
Ⓒ 工作用的资料和在卧室使用的打扫用具

布局

■ 充满回忆的物品
■ 首饰
■ 办公用品

我不会把充满回忆的物品放在壁橱深处，在和孩子吵架时或心情不好时，我会把它们拿出来安抚情绪。

01 充满回忆的物品

女儿和儿子掉的牙都被我一一塞进塑封袋里收藏。我还用标签上日期，比如『和奶奶一起去泳池后吃华夫饼的时候掉的』来记录当时的情景。用简短的语言。

02 丈夫的小物

领带夹、手表的表带等丈夫的小物都放在无印良品的抽屉整理盒里。

03 首饰类

零散的耳环和项链等容易积灰和遗失的首饰都一个一个分开进行收纳。使用的收纳工具是无印良品的抽屉整理盒和亚克力分装盒。我的备用隐形眼镜也放在这里。

04 照片和相机

照片、相机和储存卡都放在一起。带盖的盒子能够有效防止落灰。

05 办公资料

我的工作需要经常查阅资料，所以为了方便抽取，我使用文件盒收纳。

06 名片和文件

把工作中收到的名片加上"出（出版社）""作（作者）"等索引进行收纳。

07 室内装饰

使用了大概相当于置物架一格一半大小的组合式敞口柜（详见P80）。

08 办公用品

女儿不要的玩具和贴纸等物品，我在工作中还用得上，所以就留下了。

09 充满回忆的物品

来自各位读者的珍贵信件，全都收藏在盒子里。我偶尔会翻看，从中获得鼓励。

10 充满回忆的物品

的物品都被我精心保管。脐带、铭牌以及孕牌等孕期充满回忆

11 充满回忆的物品

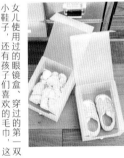

女儿使用过的眼镜盒、穿过的第一双小鞋子，还有孩子们喜欢的毛巾，这些都是我舍不得丢弃的东西。

12 室内装饰

从正面看呈中央高、两侧低的三角形态，让整个空间更具有安定感和均衡感，也更加整洁。

一花的使用心得

妈妈真的太爱收纳啦！

看到这样的收纳方式，让我觉得好像在逛家具店！以第3列为中心，左右呈现相同的摆放方式，甚至连收纳用品的尺寸都刚刚好，妈妈充分发挥了自己的收纳才能！她不是总想着买新的收纳用品，而是把不同场所使用的东西进行重新组合，这一点很厉害！

阳子的使用心得

活用家中所有物品！完成独具个人特色的收纳方式！

在构想收纳方式时，曾被人盗用了我发在网上的图，我还为此失落了好一阵子（详见P29）。不过，我后来沉迷收纳，也就渐渐恢复了精神。比起纯白的收纳，我更喜欢现在这样各具风味的混合感。以前放在床下的充满回忆的物品现在都移到这边，更容易唤起记忆。

01 手持小拖布

刀叉收纳盒已经坏了，但我很喜欢这个收纳盒，我觉得扔掉它很可惜，于是用它来装手持小拖布了。

02 常用物品

隔板（参照 87 页）上贴上磁吸条，用来收纳计算器、记事本等常用物品。

03 杂货

右侧是常用的文具和集尘箱。我使用无印良品的磁吸条和挂盒系列进行收纳。

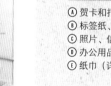

Ⓐ 贺卡和打印机使用说明书等
Ⓑ 标签纸、相片、打印纸等
Ⓒ 照片、信（详见 P85）
Ⓓ 办公用品（详见 P85）
Ⓔ 纸巾（详见 P85）

布局

■ 办公用具　　■ 日用品
■ 打印机和打印纸

办公用具、日用品及备用物品等都收纳在这里。常用的物品要放在伸手能够到的地方。

一花的
使用心得

一个对妈妈而言好像秘密基地的地方

妈妈在所有房间都要装饰上我和小修（弟弟）画的画，我觉得有点儿害羞，但是还挺高兴的。重新整理之后有了画画的空间，所以我偶尔也会借用这里。妈妈提醒过："要是地震了，这里会很危险，要小心！"所以朋友来我家时，这里都是禁止进入的。

阳子的
使用心得

讲究摆放和收纳方法的高效率工作台

虽然我一般在榻榻米房间工作，不过偶尔心血来潮也会来这里工作。放弃台式电脑后，可用空间变大，墙面也能利用起来。我想尽量减少拿取的动作，所以非常讲究配置和收纳方法。为了避免地震造成跌落和散乱，较多地选用了文件盒是我这次构想收纳模式的重点。

更新收纳方式 No.10

照片和信件

孩子们写给我的信、送我的画，还有家庭合照装饰在显眼的位置。

更新前

因为使用台式电脑，导致后侧墙壁处于视线死角。

收纳的评价 ★★★

工作是方便了，但看不到孩子的照片和画，所以我就把电脑的待机画面设置成孩子的照片，因此被治愈了不少。

更新后

使用壁板（详见P87）就能够装饰照片和画了。

收纳的评价 ★★★★★

放弃台式电脑后确保了更多工作空间，而且可以尽情装饰孩子的照片和家庭合照，以及孩子画的画！工作效率大幅提高，疲惫时有小物品治愈，居家办公顺利进行。

更新收纳方式 No.11

办公用品

工作中总离不开收据、信封、文件等办公用品，最理想的状态就是方便取用。

更新前

在抽屉里分类整理，放在桌子的右下方。

以前在拿取的时候必须弯腰伸手，在不知不觉中带来了拿取的压力。如果把抽屉放在桌子正下方就能很轻松地拿东西了。

在置物架下加一层板子，将抽屉转移到桌子正下方重新排列。

更新收纳方式 No.12

纸巾

办公的时候会时不时取用纸巾。无须使用整包装的纸巾，口袋装就足够。

更新前

纸巾放在专门的桌面纸巾收纳盒里，为了不影响其他拿取动作，纸巾被塞在最里面。

更新后

纸巾保持袋装形态，用夹子夹住挂在桌子下面。

尽量减少桌子上放置的物品更大。哪怕是一个纸巾盒，也会影响工作效率，所以就改为悬挂式收纳。

各个房间的
收纳和家具

梶谷家的收纳用品和家具基本都购自
无印良品。接下来我将分① "更新收纳
方式" 中出现的收纳用品，②组合式置
物架，③家具，④钢制组合式置物架，
4 个板块来进行介绍。

A = AFTER　**B** = BEFORE

更新收纳方式

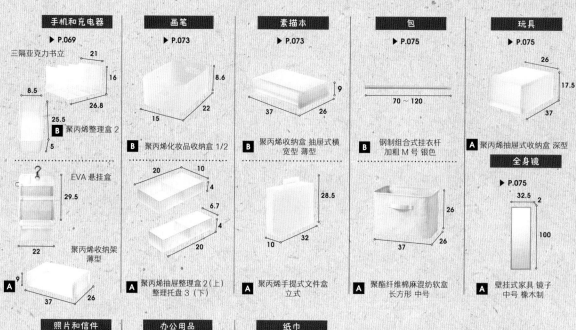

信纸和信封
▶ P.068

15　22

B 拉链式 EVAB6 收纳袋

三隔苯乙烯书立 灰白色 小
16　21　13.5

聚丙烯收纳架 深口
17.5　37　26

A

小口袋
▶ P.068

4.5　15　11

B 聚丙烯化妆品
收纳盒 1/4 宽

12　37　26

A 聚丙烯抽屉式收纳盒
横宽型 浅口

教科书和笔记本
▶ P.069

16　21　26.8

B **A** 三隔亚克力书立架

手机和充电器
▶ P.069

三隔亚克力书立
21　16　8.5　26.8　25.5　5

B 聚丙烯整理盒 2

EVA 悬挂盒
29.5　22

B

聚丙烯收纳架
薄型
9　37　26

A

画笔
▶ P.073

8.6　22　15

B 聚丙烯化妆品收纳盒 1/2

20　10　4　6.7　4　20

A 聚丙烯抽屉整理盒 2（上）
整理托盘 3（下）

素描本
▶ P.073

9　37　26

B 聚丙烯收纳盒 抽屉式横
宽型 薄型

28.5　10　32

A 聚丙烯手提式文件盒
立式

包
▶ P.075

70 ～ 120

B 钢制组合式挂衣杆
加粗 M 号 银色

26　37　26

A 聚酯纤维棉麻混纺软盒
长方形 中号

玩具
▶ P.075

26　17.5　37

A 聚丙烯抽屉式收纳盒 深型

全身镜
▶ P.075

32.5　2　100

A 壁挂式家具 镜子
中号 橡木制

照片和信件
▶ P.085

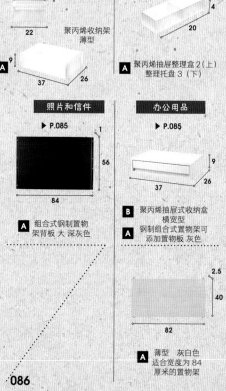

56　84

A 组合式钢制置物
架背板 大 深灰色

2.5　40　82

A 薄型 灰白色
适合宽度为 84
厘米的置物架

办公用品
▶ P.085

9　37　26

B 聚丙烯抽屉式收纳盒
横宽型
A 钢制组合式置物架可
添加置物板 灰色

纸巾
▶ P.085

7　11.5　14

B 亚克力桌面纸巾盒

9.5　2　5.5

A 可悬挂不锈钢夹
子 4 个装

收纳方式并不是一成不变的，而是
要时刻根据家庭成员的性格、行动
模式、喜好来改变。如果因为收纳
方式的变化产生了多余的收纳用品，
要先保存好。一般来说，不确定以
后一定能用上的东西就应该及时处
理掉，但是我家保存下来的收纳用
品肯定还会有用武之地。
家中往往有许多意想不到的死角存
在。把这些死角作为收纳 "现在暂
时派不上用场，以后肯定能利用起
来的收纳用品" 的地方，是个不错
的选择。比如，我家就选择把床下、
壁橱、儿童房的死角作为收纳用品
专用的保存场所。

组合式置物架

餐厅
▶ P.066

28.5 28.5
121 121
122 40

3×3 组合式置物架（胡桃木）
可叠加 3 层组合式置物架（胡桃木）

榻榻米房间
▶ P.078

28.5
81.5
81.5

双层组合式置物架（胡桃木）宽型

女儿的房间
▶ P.090

28.5
121
82

3×2 组合式置物架（橡木）

卧室
▶ P.082

200
82 28.5

5×2 组合式置物架（胡桃木）
※ 横放使用

家具

榻榻米房间
▶ P.076

12
10
88

壁挂式家具、置物架（胡桃木）宽 88 厘米

榻榻米房间
▶ P.076

2
32.5
44

壁挂式家具 镜子（胡桃木）小号

女儿的房间
▶ P.070

110 55
70
木桌（橡木）

48 39
58
可移动木柜（橡木）

女儿的房间
▶ P.070

81
43 55

椅子 原木色
※ 使用其他品牌的椅套（棕色）

钢制组合式置物架 工作台
▶ P.084

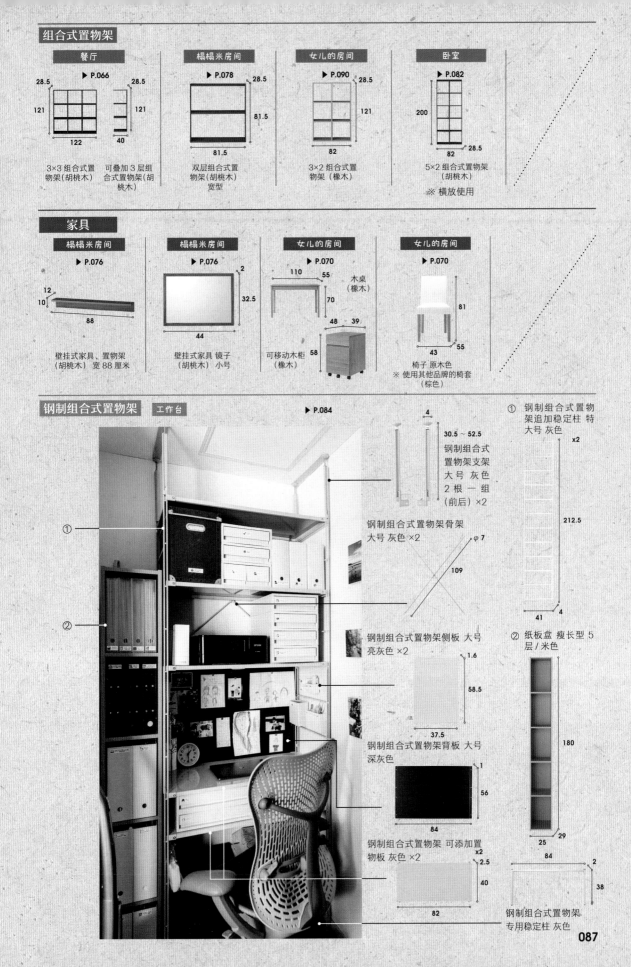

①
②

4
30.5～52.5
钢制组合式置物架支架 大号 灰色 2 根 一组（前后）×2

钢制组合式置物架骨架 大号 灰色 ×2
φ 7
109

钢制组合式置物架侧板 大号 亮灰色 ×2
1.6
58.5
37.5

钢制组合式置物架背板 大号 深灰色
1
56
84

钢制组合式置物架 可添加置物板 灰色 ×2
×2
2.5
40
82

① 钢制组合式置物架追加稳定柱 特大号 灰色
×2
212.5
41 4

② 纸板盒 瘦长型 5 层 / 米色
180
25 29

84 2
38
钢制组合式置物架专用稳定柱 灰色

087

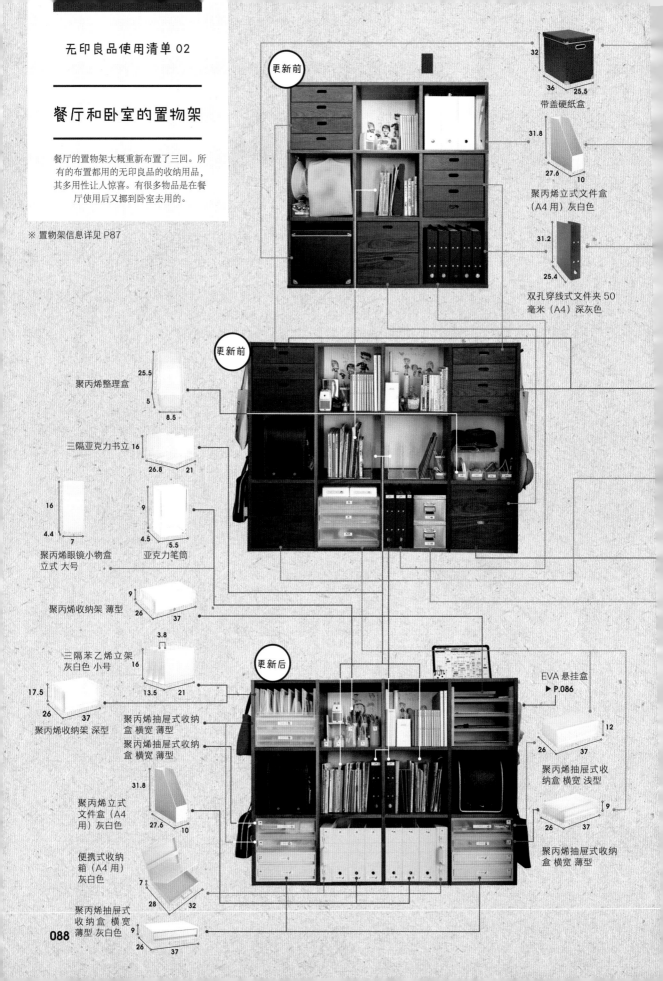

无印良品使用清单 02

餐厅和卧室的置物架

餐厅的置物架大概重新布置了三回。所有的布置都用的无印良品的收纳用品，其多用性让人惊喜。有很多物品是在餐厅使用后又挪到卧室去用的。

※ 置物架信息详见 P87

更新前

32
36   25.5
带盖硬纸盒

31.8
27.6   10
聚丙烯立式文件盒（A4 用）灰白色

31.2
25.4
双孔穿线式文件夹 50 毫米（A4）深灰色

更新前

25.5
5
8.5
聚丙烯整理盒

三隔亚克力书立 16
26.8   21

16
4.4   7
聚丙烯眼镜小物盒 立式 大号

9
4.5   5.5
亚克力笔筒

9
26   37
聚丙烯收纳架 薄型

3.8
三隔苯乙烯立架 灰白色 小号 16
13.5   21

17.5
26   37
聚丙烯收纳架 深型

更新后

EVA 悬挂盒
▶ P.086

12
26   37
聚丙烯抽屉式收纳盒 横宽 浅型

聚丙烯抽屉式收纳盒 横宽 薄型
聚丙烯抽屉式收纳盒 横宽 薄型

9
26   37
聚丙烯抽屉式收纳盒 横宽 薄型

31.8
27.6   10
聚丙烯立式文件盒（A4 用）灰白色

7
28   32
便携式收纳箱（A4 用）灰白色

9
26   37
聚丙烯抽屉式收纳盒 横宽 薄型 灰白色

088

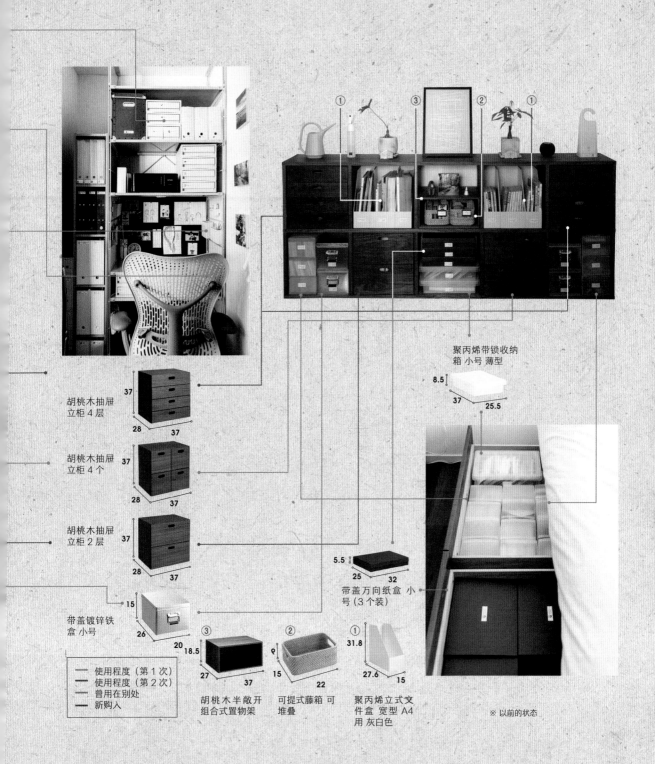

胡桃木抽屉
立柜 4 层

37
28   37

胡桃木抽屉
立柜 4 个

37
28   37

胡桃木抽屉
立柜 2 层

37
28   37

聚丙烯带锁收纳
箱 小号 薄型

8.5
37   25.5

带盖镀锌铁
盒 小号

15
26   20

5.5
25   32
带盖万向纸盒 小
号（3 个装）

18.5
③
27   37

②
15   22

①
31.8
27.6   15

— 使用程度（第 1 次）
— 使用程度（第 2 次）
— 曾用在别处
— 新购入

胡桃木半敞开
组合式置物架

可提式藤箱 可
堆叠

聚丙烯立式文
件盒 宽型 A4
用 灰白色

※ 以前的状态

　在　重新构思收纳方法和配置时，我一般都是基于"家里还有可使用的收纳用品"这个前提来考虑的。但是考虑到收纳目的，如果是家中没有又不可或缺的收纳用品，则会立刻选择购入具有多用性的新品。

这时候，我会依赖无印良品。其实，我完全可以选择比无印良品便宜的收纳用品，但是考虑到我家的收纳情况，兼具耐用性和多用性的高质量产品是必不可少的。质量提升了，产品自然经久耐用。为了配合多变的生活，考虑到收纳方式改变的可能性，选择无印良品完全能够应对各种状况。

无印良品的家具和收纳用品的尺寸非常适合日本家庭的生活空间。所以，无印良品的家具和收纳用品适配各种不同布局的家庭。

在新购置收纳用品时，我会规划一个大致的预算。比如，为了布置餐厅的置物架，添置新的收纳用品时共花了15490日元。看上去好像很多，但是只要想到这些东西能用 1 年，那么折算下来就是 1 天 40 日元。舒适生活只需 1 天 40 日元，是不是太划算了呢？这样想就能减少一点儿大额支出的负罪感，购入时也会心情愉快。

女儿房间的置物架

女儿上小学低年级时，使用的是无印良品的 2×3 式置物架。后来房间里多了书桌和床，置物架就换成了不占空间的 3×2 式。置物架能够根据放置地点改变宽度和高度是非常方便的。

一花的
使用心得

将来也许会变成书架？

这里以前（小学低年级的时候）是我放玩具和玩偶的地方。置物架上摆放着乐高、手办和一些小玩意儿，所以用了 U 形置物架把 1 格分成 2 层，增加了展示区域。

现在置物架变成 3 层，比以前高，考虑到地震的时候可能会有危险，就不再往上面放东西了。如果书变多的话，乐高在我心里的位置可能会下降，到时候就把左上角格子里的乐高换成书吧。

更新前

更新后

聚酯纤维棉麻混纺软盒
长方形 中号

26
37   26

组合式 U 形置物架
28
21.5
37.5

简易组装瓦楞纸立式文件盒
（5 枚装）A4 纸使用
32
10   28

女儿的房间中使用的收纳用品和家具都是我和女儿一起挑选的。我会给她一些建议，比如"布的软盒轻便，而且还带提手，搬起来很方便"或者"瓦楞纸文件盒很轻，掉落也不会砸坏"等，帮她选择一些能够长期使用的东西。

女儿读小学的时候，会用这些收纳用品收纳一些不一样的东西或者放在不同的地方。以后，就算女儿的房间不需要这些收纳用品了，也一定能在家里其他地方派上用场。我经常告诉女儿，这就是无印良品的收纳用品和家具的独到之处。

壁橱

更新前

更新后

利用率低的上学用品和学习用具等都收纳在文件盒里。

使用软盒收纳利用率高的包。这在以前是放在置物架上的。

CHAPTER 05

朋友们的收纳整理采访

从小学生到高中生，大家的收纳方式各有不同，但无高下之分！

 mother（妈妈）的意见
 child（孩子）的意见

我们采访了日本各地的朋友，关于他们自己喜欢的房间的样子和在收纳上的讲究及要点。他们的家人也告诉了我们，迄今为止他们是如何同自己的孩子沟通和给出建议的。根据15个家庭的房间布局，以及孩子们的性格、喜好，他们选择的收纳用品和收纳方式也各有特色！

我们开始采访吧！

谢谢大家！

小学二年级学生的收纳整理

房间的重点是高架床

家庭简介

Ⓜ 清江太太（妈妈）

Ⓒ 心暖（女儿 8岁）　Ⓒ 溪（儿子 3岁）

爱干净的心暖是班里的卫生委员。而清江太太的兴趣在于通过改造便宜、实惠的东西来进行收纳，水平高到能在杂志社举办的大赛中拿奖的程度。最近，他们一家人正在挑战DIY。

平面图

女儿的房间　西式卧室　大门　厕所　厨房　洗脸池　西式卧室　客厅 & 餐厅　阳台

三室一厅 公寓
父母和一双儿女的
四口之家

Ⓜ 原来想把床沿着窗户放在靠里的位置，但是放不进去。考虑床的摆放位置时颇费了一番功夫，同时也反省了一下，要是买的时候一下量尺寸就好了。

04

05

01

03

02

Ⓜ 对孩子来说，高架床的下层像秘密基地。女儿的朋友来家里玩的时候，她们会在床下的小空间里讲悄悄话。

妈妈说

女儿一直希望自己一个人睡，所以在她上小学后给她收拾出一间卧室。由于房间比较小，所以选了高架床。床带有书架，高度是成年人平视的水平。如果床的高度过高，万一孩子从床上掉下来，容易出危险。现在的高度正好，也不会给人压迫感。

01 课本等物品

为了知道东西收纳的位置，在架子上贴了诸如『作业』『课本』的标签。

架子的上层因为经常使用，已经塞得满满的了，下层估计也要用来放课本了。

这个架子层层分开，感觉很便利。即使到了高年级课本变多时，下层也可以利用上，所以完全不用担心没地方放。

02 手工作品和玩具

给以前在托儿所做的手工作品套上罩子，不影响欣赏。下层的四个箱子里面收纳着玩具。

用来放玩具的箱子是在Seria买的带把手的塑料箱。为了和床色调统一，选了白色。

根据物品的数量和尺寸，选择了尺寸不同的箱子和形状不同的盒子。用来作为展示收纳的玩具很可爱。

03 绘本

床侧面的挂网（书架右侧）可以用来挂东西，很方便。

床下靠内侧的书架是用来放绘本的。如果外面天黑了也没关系，打开灯就可以看。

床下的空间像秘密基地一样，太棒了！这个书架能兼顾把书并排在一起的收纳整理和能看到书皮的装饰收纳，也很棒！

04 身边的东西

床旁边的架子上，最高层放着女儿的书包，旁边的盒子里放着化妆包。

最上层的抽屉里放着手绢、纸巾等小东西。抽屉里加了支撑杆，以防中间的盒子移位。

不会移位、不用找、不浪费时间，这里的收纳方法完全具备这三种要素。既方便拿取，盒子又不会移位，真是下了一番功夫呢！

05 衣服

中层的抽屉里放了袜子、衬衣和内裤。下层的抽屉里放了裤子、打底裤和睡衣。

抽屉里放的是Seria的收纳整理分隔箱。为了更好拿，衣服都是立着收在箱子里的。

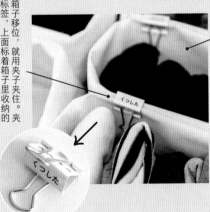

为了不让箱子移位，就用夹子夹住。夹子上贴着标签，上面标着箱子里收纳的东西。

把标有收纳内容的标签贴在夹子上，一打开抽屉就能看到，使东西的收纳位置一目了然！能想到用夹子固定箱子，也是用心了。我自己在收纳的时候没用过夹子，没想到居然有这么大的作用，今后我也要试试看。

小学二年级学生的收纳整理

可以用来化妆的书桌

M 女儿基本上都在自己的房间里学习。桌子和小收纳盒都选了和床一样的白色,突出了整个房间的统一感。

06

M 女儿最喜欢的是桌子上的化妆盒。原本化妆品和首饰都是作为装饰收纳摆在桌子上的。但是,因为会落灰,就都收进了盒子里。

07

08

09 ←

采 访

心暖教给我们的事情

Q 你喜欢什么样的空间呢?

A 杂货店。我的房间感觉和杂货店一样,这是我最喜欢的一点。

Q 换衣服和梳头都是在自己房间里进行吗?

A 换衣服在自己房间,梳头在洗脸池那里。我一般都是洗脸之后梳头,所以把发饰都放在洗脸池附近。你看洗脸池是不是也有点儿杂货铺的感觉?(下图)

妈妈说

女儿不太有耐心,每天只决定房间一个位置的布置,所以布置房间总共花了两周。首先把所有的东西拿出来,整理成"需要的"和"不需要的"两类。收纳用品是我们俩一起去Seria和大创买的。两个人一起对物品进行收纳整理时,我能够很好地了解女儿的性格,这很有趣。收纳整理的知识不仅可以用在整理房间上,也可以用在对子女的教育上。

06 化妆品和首饰

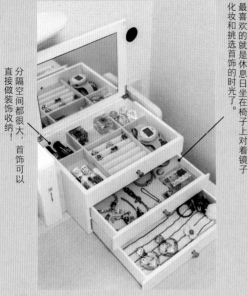

最喜欢的就是休息日坐在椅子上对着镜子化妆和挑选首饰的时光了。

分隔空间都很大，首饰可以直接做装饰收纳！

一花

首饰虽然很多，但都摆放得很整齐，像杂货店一样井然有序。这样的收纳让打开抽屉变成一件值得期待的事情。

07 插座和文具等物品

书桌的侧面加装了大创的洞洞板，上面挂了收纳盒。

收纳盒到桌面还有一定距离，妈妈打扫桌面的时候就不会很费劲。

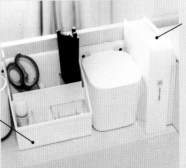

小盒子里放着朋友写来的信，随时都可以看。

削笔刀和常用的文具都立起来插在桌面上方的盒子里。文具旁边是带盖子的垃圾盒。

阳子

用洞洞板固定盒子，使它不和桌面接触，方便打扫，把经常使用的东西摆在方便拿的地方……这些都是非常有创意的收纳。

08 各种盒子和纸制品

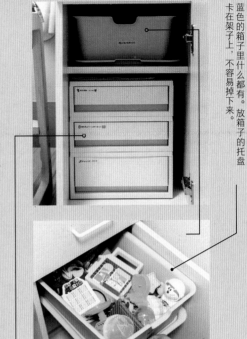

蓝色的箱子里什么都有。卡在架子上，不容易掉下来。放箱子的托盘

常用的信封、信纸、印章、记事本、贴纸、印章，分门别类地码放在无印良品的抽屉里。

一花

把东西分门别类地收在抽屉里，找的时候就会很轻松。东西都收在箱子里，房间看起来就会很整洁。

09 钢琴

房间的布局和钢琴的尺寸配合得天衣无缝！

书桌右侧（高架床）对面放着一架钢琴，但是房间不会让人觉得很狭窄。

阳子

钢琴作为一组室内用具，和房间的整体风格融为一体。弹钢琴时，正对面的墙上也挂着装饰品，这一点很棒！

初中一年级学生的收纳整理
爱好和学习泾渭分明的房间

Ⓒ 一般我会把现在正在用的东西、家人和来玩的朋友可以动的东西放在明面上，把不想让人看到的东西和充满回忆的东西放进箱子里藏起来。

Ⓒ 这里是培养兴趣爱好的地方，和学习用的桌子（左侧）做了空间上的区分。我喜欢坐在书架旁的折叠椅上看漫画。有时候被爸爸妈妈批评了以后，我坐在这里也能让自己平静下来。

01 02 03 04 05 01 02

Ⓒ 手办摆在外面容易落灰，为了方便清扫，就把掸子放在了旁边。清洁剂则选了窗帘专用款。

家庭简介

Ⓜ 麻美太太（母亲）　Ⓒ 小祐（儿子13岁）

小祐喜欢游戏、动漫、画画和看书。母子俩被梶谷的收纳整理吸引。即便是在小祐进入青春期后，收纳整理依然是母子间有效的沟通工具。

平面图

阳台
儿子的房间
厨房
客厅和餐厅
洗脸池
榻榻米房间
厕所
西式卧室
玄关

三室一厅 公寓
父母和儿子的三口之家

妈妈说

儿子的房间里，放着手办、漫画书的书架和学习用的书桌形成了两个不同的空间。在书架空间，他随时都可以笑着做自己喜欢的事情。因此，为了减少把经常使用的东西拿进拿出的次数，同时考虑到漫画书会不断增加，儿子在收纳上颇费了一番功夫。对儿子来说，这是一间被喜欢的东西包围的、值得骄傲的房间。

01 充满回忆的物品

朋友写的信被保管在两个小箱子里。为了不让别人看到内部的物品而选了带盖子的箱子。

书架下面的 6 个盒子里放着不愿意丢掉的玩具和玩偶。

以前收集的纪念章，每个都套上了保护罩放在册子里保存。

很多人都在烦恼应该怎么收纳带着回忆的东西。能被好好保存在随时触手可及的地方，这些物品想必也很高兴吧！

02 手办

掉下来挂在书架旁边，注意到灰尘的时候立刻就可以打扫干净！

比较高的手办放在书柜的上面，比较矮的放在右边的架子上。最喜欢的摆在最前面。

这样的收纳会让人情不自禁地露出笑容！装饰收纳是怎么也逃不过落灰的，看得出是很认真地思考过对策呢！

03 漫画

想要收集更多的漫画，所以买了大创的可调节书架来增加收纳的空间。

这里的讲究是，放在里面的书的高度要能正好看到书脊（卷数）。

原来用可调节书架（P36）能做到这样方便又整洁的收纳呀。如果我收集漫画，也要用这个方法！

04 卡牌游戏

把卡牌按照角色进行分类，装在大创的收纳盒里。

把卡面朝着能在俯视的时候知道卡牌种类的方向进行排列。

为了方便，选了和卡牌差不多高的盒子，盒子的长度也合适。这都传达出了做收纳计划的重要性。

05 游戏垫

带游戏垫出门的时候，虽然会装在背包里，但会先收进盒子里，以免被压坏。

这是去掉刀片的无印良品保鲜膜盒，把游戏垫装在里面能够从侧面打开，拿取方便。

能发现这种收纳方法实在太厉害了！选择了材质不会压坏垫子的盒子，真是太擅长收纳了！

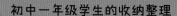

初中一年级学生的收纳整理

能提升学习动力的书桌空间

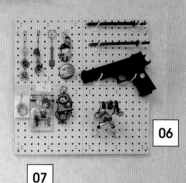

06

07

Ⓒ 成为中学生以后，小祐的学习用品也增加了。每个科目除了课本之外，还有练习册和习题讲解。荧光笔、圆珠笔、自动铅笔等文具也多了。开始去学校以后，他为了让自己用起来方便，会看情况改变使用方法。

Ⓒ 带去学校的书包放在书桌下面，除此之外的包都扔进收纳框里。收纳框放在靠近房门口的地方，这样一来就能立刻把书包放进去。

10

11

09

80

09

妈妈说

儿子的房间也好，家人的公用空间也罢，总之，为了儿子拿取方便，收纳都是我和儿子一起做的。这样做的原因是，以前我生病住院时，儿子和丈夫都不知道东西被我收在哪里，找东西费了很大劲。丈夫说，从那之后，儿子有了收纳的意识，开始自己思考想做的事并付诸实践。

采 访

小祐教给我们的事情

Q 喜欢收拾吗？

A 收拾之前会觉得『好麻烦啊』，但是开始收拾以后会乐在其中。把喜欢的东西收拾整齐，或者考虑接下来要如何利用变得整洁的地方，对于我来说都是十分快乐的。

Q 请给我们一些建议吧。

A 升入中学以后，比起小学来，课本也好，学习用品也罢，东西一下子就变多了。所以，根据这点提前做好准备才会比较安心。

06 钥匙扣

配合墙壁的尺寸，摆了4块大创的洞板。

墙上装饰了喜欢的角色的周边钥匙扣，时常看一看，学习的劲头立刻就有了！

阳子　能把洞洞板（详见P38）拼在一起用，这很棒！挂钩不是用来挂东西的，而是用来架东西的，这个主意很不错。

07 课本

学习用的单词本挂在卡扣上，用的时候伸手就能拿到。

不用挡板书会倒，但挡板太高的话取书的时候又会碰到，现在这个高度刚刚好。

一花　在课本增加后，使用挡板高度比较低的文件盒就能很方便地分类收纳，等我上中学了也要弄一个。

08 文具

马克笔、笔记本、速写本等绘画工具都被整理在一起。

把笔插在无印良品的收纳盒里，这样既方便拿取，又能随时带走。

阳子　在考虑使用途径以后选择了可搬运的收纳用品，这是他知道怎样收纳适合自己的表现。

09 资料和备用品

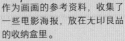

作为画画的参考资料，收集了一些电影海报，放在无印良品的收纳盒里。

笔记本和记事本的备用品，以及偶尔会用到的书放在第二层。右侧是一些文件夹的备用品。

一花　最引人注意的是，同样的架子，分成了横放（08）和竖放（09）两种用法。这边把架子竖放，空间就被中间的隔板分成了左右两块。

10 书桌上

用大创的平板支架做成的书架，可以调整成各种角度，非常方便。

虽然书桌的宽度很窄，但是把课本竖起来放，就给笔记本的打开留出了足够的空间。

阳子　打开笔记本后需要占这么大空间还挺让人意外的。应该有很多孩子想学习这种利用平板支架灵活布置空间的办法吧。

11 万能百宝盒

盒子放在桌子和抽屉柜之间的空隙里，这里可以放一些暂时没处放或者临时要用的东西。

有了这个盒子以后就不会随手乱放东西了，房间也变得整洁了。

一花　我的房间里没有这种万能百宝盒，最近桌子上多了很多随手放的东西，显得乱糟糟的，我想尝试这个方法。

小学四年级学生的收纳整理
通过收纳变得整洁的弟弟的房间

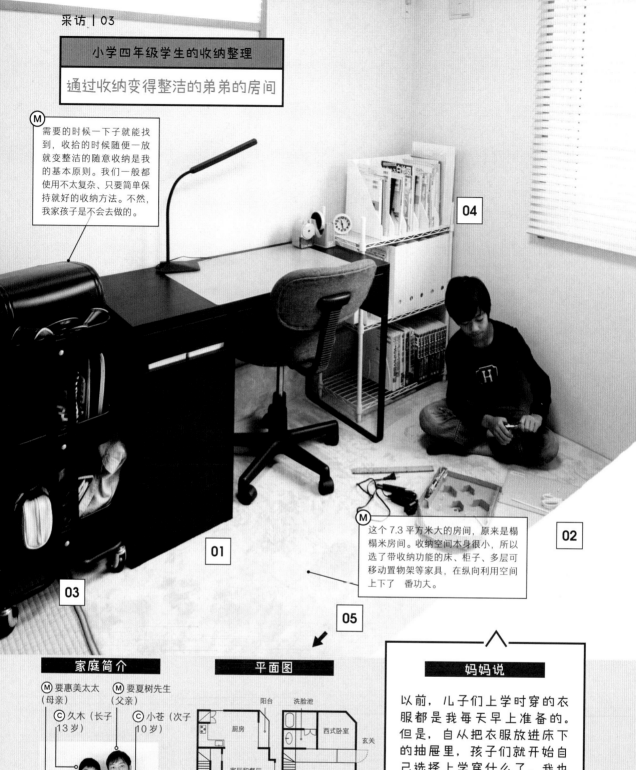

Ⓜ 需要的时候一下子就能找到，收拾的时候随便一放就变整洁的随意收纳是我的基本原则。我们一般都使用不太复杂、只要简单保持就好的收纳方法。不然，我家孩子是不会去做的。

04

01

03

05

Ⓜ 这个 7.3 平方米大的房间，原来是榻榻米房间。收纳空间本身很小，所以选了带收纳功能的床、柜子、多层可移动置物架等家具，在纵向利用空间上下了一番功夫。

02

家庭简介

Ⓜ 要惠美太太（母亲） Ⓜ 要夏树先生（父亲）

Ⓒ 久木（长子 13 岁） Ⓒ 小苍（次子 10 岁）

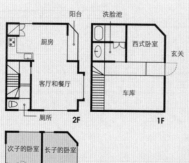

作为长子的久木很喜欢书和漫画，他在橱柜里做了一个"我的图书馆"。次子小苍是个热爱运动的少年。他们的母亲是一名收纳整理专家，会出席各种活动。

平面图

2F
阳台 | 洗脸池
厨房
客厅和餐厅
厕所
西式卧室
玄关
车库

1F

3F
次子的卧室 | 长子的卧室
西式卧室
厕所

四室一厅 小别墅
父母和两个儿子的四口之家

妈妈说

以前，儿子们上学时穿的衣服都是我每天早上准备的。但是，自从把衣服放进床下的抽屉里，孩子们就开始自己选择上学穿什么了。我也从中感受到可视化收纳的重要性。因为孩子们开始自己管理衣服了，有时候也会和我说"我还没有这种款式的衣服，给我买一件吧"之类的话，总买类似东西的情况也没有了。

01 足球球衣等物品

架子上层的两个箱子里放着足球球衣，上衣和裤子分开放在不同的箱子里。

衣服都是卷起来放在箱子里，不会彼此重叠，所以一眼就能看到所有的衣服。这样也方便出门前挑选。

中间的箱子里分别是：折纸和办公用品、水彩笔和蜡笔。下面盒子里放的东西则是个秘密。

阳子

物品都按照使用目的进行了分类，条理清晰。这样的话，去上足球课之前的准备工作肯定很顺利。配合柜子的尺寸选择收纳用品这一点非常在行！

02 衣服

衣服都收在带收纳功能的床里，按照秋冬和春夏分类，很方便。

在衣服之间起分隔作用的，是无印良品的『高低可调节无纺布收纳箱』。

一花

我的床下被用来收纳书本了。不过最让人吃惊的是，这里居然能放下一整年要穿的衣服。衣服放在一起一览无余，选择起来也很方便。

03 上学用品

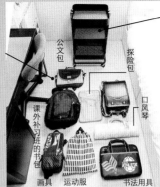

把东西分装进不同的包里，可以直接带去学校。

上学要用的东西都放在多层可移动置物架上了，一下就能确认所有要带的东西是否都拿齐了，忘带东西的情况就少多了。

公文包
探险包
课外补习班的书包
口风琴
画具
运动服
书法用具

一花

这个多层可移动置物架看起来很好用，不仅移动方便，整体色调也和房间氛围很搭。

04 课本和教材

考试的参考材料目前还用不到，就把装材料的参考材料的文件盒反过来放。

最上层是课本，第二层是哥哥给的考试参考材料，第三层是图鉴和词典。

阳子

同样的收纳用品也可以通过收纳方法区分出"现在用的"和"现在不用的"，非常棒！

05 玩具

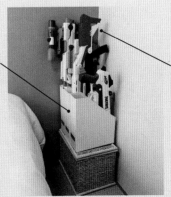

把玩具枪竖着插进文件盒，既显得整洁，又不占地方。

床脚放着大玩具枪（NERF）。为了能够随时看见，竖起来插在文件盒里。

阳子

我家儿子也很喜欢大玩具枪。这样收纳，就能把玩具集合在一个小空间里来欣赏了。

初中一年级学生的收纳整理

对"我的图书馆"感到骄傲的哥哥的房间

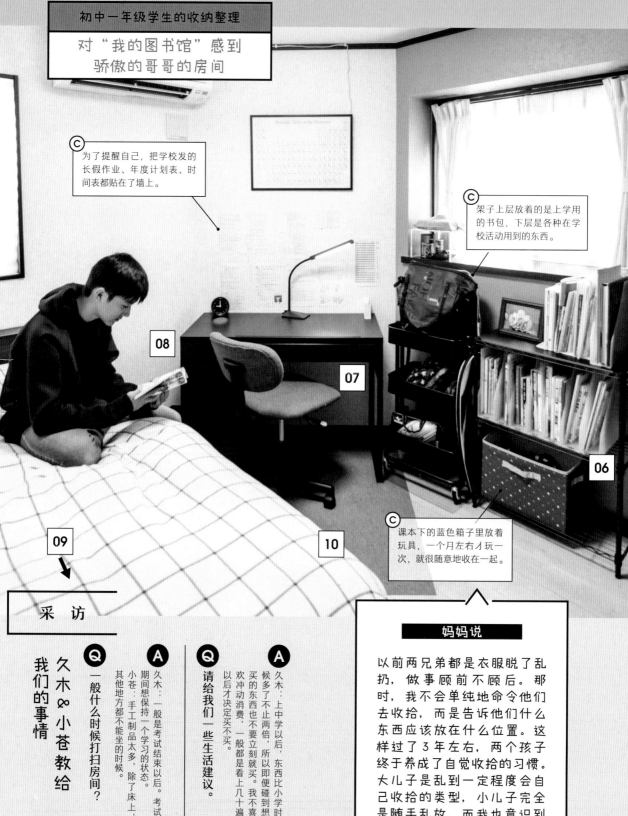

C 为了提醒自己,把学校发的长假作业、年度计划表、时间表都贴在了墙上。

C 架子上层放着的是上学用的书包,下层是各种在学校活动用到的东西。

08

07

06

C 课本下的蓝色箱子里放着玩具,一个月左右才玩一次,就很随意地收在一起。

09

10

采访

久木&小苍教给我们的事情

Q 一般什么时候打扫房间?

A 久木:上中学以后,东西比小学时候多了不止两倍,所以即便碰到想买的东西也不要立刻就买。我不喜欢冲动消费,一般都是看上几十遍以后才决定买不买。

Q 请给我们一些生活建议。

A 久木:一般是考试结束以后。考试期间想保持一个学习的状态。小苍:手工制品太多,除了床上,其他地方都不能坐的时候。

妈妈说

以前两兄弟都是衣服脱了乱扔,做事顾前不顾后。那时,我不会单纯地命令他们去收拾,而是告诉他们什么东西应该放在什么位置。这样过了3年左右,两个孩子终于养成了自觉收拾的习惯。大儿子是乱到一定程度会自己收拾的类型,小儿子完全是随手乱放,而我也意识到要尊重他们之间的差异。

06 课本和笔记本

文件盒很重，所以不容易倒，也不容易陈旧变色，这一点我很喜欢。

文件盒前面没有挡板，方便拿取。我会根据学科贴上分类标签。

 一花
结实的文件盒给人一种安定的感觉。分隔也很多，能根据科目分类这点很好。

07 文具

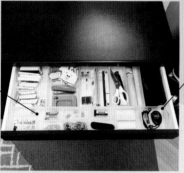

我用了11个无印良品的抽屉收纳盒，它们和抽屉的尺寸非常契合，完全没有缝隙。

之所以想到要用整理盒，是因为东西太多了，到处都是。

 阳子
这样做最大化地利用了抽屉的空间！如果没有事先明确要放的物品，做好收纳计划，是不可能做到这样物尽其用的！非常了不起！

08 杂物

漫画书拆掉腰封以后就放在书架上收藏。腰封也不舍得扔掉，就都留下来偶尔看一看。

抽屉里除了零钱之外，还有为考试求的护身符、魔方、书的腰封等不想丢掉的东西。

 阳子
有很多人都在烦恼舍不得扔掉的东西应该怎么办。像久木一样为这些东西专门准备一个收纳空间就好了。

09 藏书

当我考虑要做『我的图书馆』的时候，就在网上购入能放200册以上书的书架。我对壁橱的尺寸以毫米为单位进行了测量，当书架严丝合缝地嵌进去时，我真的超级高兴！

为了随时都能看到自己收藏的漫画，壁橱门一直都是开着的。

书架放在房间里会给人一种压迫感，所以就放在了壁橱里。

 阳子
书架放在壁橱里不会影响壁橱开合，并且用支撑杆把旁边的空间利用起来，看得出久木在这个壁橱上是下了一番功夫的。爱书的我被深深吸引了。

10 充满回忆的物品

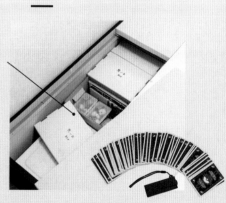

以前喜欢魔术时收集的周边，舍不得丢掉，就收在床下面了。

 阳子
在箱子里分类放好，在取下床板以后目之所及的位置贴上标签，这样既不会弄乱，也能防止搞不清楚收纳了什么。

高中一年级学生的收纳整理
被最爱的运动鞋包围的房间

Ⓒ 如果新买的运动鞋没有地方放，就会把之前的卖掉。因为这些鞋都是很小心地装饰在家里的，几乎没什么破损。

Ⓜ 以前家里有很多花哨的东西，房间也搞得乱七八糟。儿子开始用心收纳以后，房间慢慢变得简单整洁。

01 02 05 04 03

Ⓜ 对儿子来说，让他满意的空间等于被喜欢的运动鞋包围的空间。他从上中学开始就自己一个人睡了。

妈妈说

可能是因为曾经和手工很好的爸爸一起做模型的原因，儿子一直很喜欢做手工，最近他的手工水平也越来越高。当他把运动鞋都装饰在墙上时，我着实吃了一惊。为了把鞋装饰起来，他也养成了认真仔细的好习惯。爸爸从海外出差回来送他的运动鞋，至今依然被他精心装饰在墙上。

家庭简介

Ⓜ 曾越真知子（母亲）
Ⓒ 祈吏（长子16岁）

祈吏是家里3个孩子中的老大。可能是受做服装生意的父亲的影响，最近他开始对时尚和运动鞋产生了兴趣，而他的妈妈则作为收纳整理专家参加各种活动。

平面图

玄关 阳台 西式卧室 厨房 洗脸池 阳台 客厅＆餐厅 阳台 1F

儿子的卧室 西式卧室 阳台 2F

三室一厅 公寓
父母和两子一女组成的五口之家

01 运动鞋

挂钩和钢丝网是从大创买的原材料，自己组装起来的。

初中二年级时收藏的运动鞋。这种收纳方法参考了鞋店的装饰方法。

给最喜欢的运动鞋做了装饰，其余的都放在旁边的架子上。容易磨损的都放在家门口。

阳子：装饰的位置不会影响日常起居，高度和自己的身高相符。利用挂钩作为运动鞋的装饰架，这点值得借鉴。

02 书和课本

『视线以下腰部以上』是最容易拿取的位置，这里用来放课本，下层则用来放口袋本和漫画。

口袋本和漫画经常会被卖掉或送给弟弟妹妹，一般只把最喜欢的几本留下。

一花：我很喜欢看书，所以家里的书也越来越多。卖掉或者送人，这样就能控制书的数量，是个好主意。

03 工具

螺丝刀和砂纸等。东西不多，就随意放在一起。

以前就喜欢做手工，现在偶尔也会自己做一些收纳用品和家具，所以把工具都放在一起保管。

阳子：虽然觉得工具应该放在工具箱里，但是这种收纳颠覆了这个想法。如果使用时拿着方便，那像这样一起放在抽屉里也很好。

04 防护用品

为了一打开抽屉就能拿到，所有东西都竖着插在收纳盒里。最常用的放在最外面。

升入高中以后，止汗剂、防晒霜、发蜡之类的用品就变多了，这些东西被集中收纳在抽屉里。

阳子："把东西竖着放置""最常用的放最外面"这类做法，在抽屉的收纳中堪称典范。这样的话即便东西变多，也能轻松找到！

05 衣服

暂时不洗的衣服和穿过的衣服也挂在这里，在房间里披一下的存放处也很方便。作为一个暂时的存放处也很方便。

校服和常穿的便服就挂在开放式衣架上。冬天穿的外套和帽衫等大体积的衣服也挂在这里。

阳子：我比较倾向于把"经常用的东西"和"暂时存放的东西"分开放置。但是，如果自己心里知道用途的话，放在同一个位置也没关系。

高中一年级学生的收纳整理
自制的书桌和壁橱

C 在自己的房间里，漫画书、手工之类的外在诱惑很多，让我不自觉地就分心了，所以我一般在客厅学习和写作业。弟弟妹妹们睡熟以后我还有很多事情要做，所以在自己房间上网课。

C 想买某件衣服的时候，我会一边给妈妈看图和价格，一边阐述我的理由，但是她基本上都不给我买……

09

08 07 06

采访

Q 原来你的东西就不多吗？

A 直到 3 年前，我妈都一直在说我的屋子脏兮兮的，做手工的工具和作品到处都是。当时重新审视了一下自己的东西，一部分送给弟弟妹妹，一部分不要了，房间就变得清爽整洁了。

Q 是什么时候重新审视自己房间的？

A 我有弟弟和妹妹，我们会换房间。重新审视房间就在换房的时候。小学的时候弟弟还小，所以我的房间就在大门附近。现在我搬到 2 楼的卧室了。

祈更教给我们的事情

妈妈说

以前他总是丢三落四的，所以我就给了他很多建议，比如把课本按照科目摆好等。但是他上中学以后开始有自己的想法，我就不会再对他指手画脚了。按照自己的想法把房间整理成喜欢的样子，那自然而然就会拿起吸尘器打扫维护了。

06 衣服

因为东西不多，所以壁橱的上层放了家人的东西。（女儿节的人偶、头盔之类）。

反季和不常穿的衣服都放在壁橱里。衣服也比较少。

衣服是很容易变多的东西，但是看到这样简洁整齐的壁橱我还挺吃惊的，这说明他心里有明确的添置新东西的基准和想法。

07 充满回忆的物品

我想把留下的东西尽量都收进两个箱子里，手工之类的就拍张照片然后丢掉。

壁橱的下层是上初中时参加棒球部的用具和不想扔掉的模型，还有毕业相册等充满回忆的东西。

随着年龄的增长，充满回忆的东西也变多，根据东西的数量和大小分类放置在收纳用品里，这是非常厉害的物品管理。

08 身边的东西

壁橱的中层有四个浅口盒放着袜子、内衣、家居服、篮球部的护具、长跑用品等。

之所以选择浅口盒，是为了放的时候能随手一扔，拿的时候可以立刻拿到。

用浅口盒做收纳是很常见的。盒子里的东西是分类放的，不会变得乱七八糟。

09 书桌

以能放下课本为最低限度的要求设计了尺寸，尽可能做到不占空间。

因为新冠肺炎疫情停课在家的时候，DIY的书桌。配合椅子的尺寸，购入了相应的板材做了这个桌子。

要点是，根据摆放方法的不同，桌子的长度也会不同。可以根据桌上放的东西和自己的心情来变化。

睡觉时也可以作为置物架使用！需要宽敞的桌面时，桌面下的空间也能放很多东西。总之，这个桌子造型简单、使用方便。

餐厅的药箱

原本药品都放在餐厅的壁橱里。现在感冒药和口罩一人一个抽屉单独放。为了知道抽屉是属于谁的，在上面贴了印有头像的贴纸。

到冬天女儿就需要耳鼻喉相关的药物，因此常用药都放在餐厅的桌子上。这样既能防止忘记吃药，又能缩短行动距离。左边两个盒子是儿童用药，右边两个盒子是成人用药。把百元店的木质盒子重新涂色，装上把手，就成了很好的收纳工具。

采访
01 心暖的家 ▶ p.92 ------→

Q

请告诉我们，家庭共用空间的使用方法

采访
02 厨房的微波炉架 ▶ p.96 ------→

小祐的家

为了让儿子在做饭的时候打下手，在买东西回来后一起整理，配合他的身高我们在摆放上费了一番功夫。我们并没有勉强他做事情，而是把难度降到他能做到的范围里。"我做到了"是和"我能做到"的自信紧密相关的。

父子俩经常因为吃零食而拌嘴，所以就把他们俩的零食分开放了（左边是儿子的，右边是丈夫的），我特意把盒子安排在儿子也能看到的位置。

客 厅的柜子里，是由无印良品、nitori、宜家、百元店的各种收纳用品组成的空间。为了想换就换，基本上买这些东西时都不买贵的。在这里集中收纳了指甲刀、温度计、手表等家人们常用的杂物和文具。

文具被分类放在一个独立的箱子里，每种东西都有一个固定的位置。『感谢你把它放回原位』的标签被贴在最显眼的位置。

客厅的文具箱

采访 03
久木和小苍的家 ▶ p.100

向我们介绍了自家孩子收纳方法的 4 个家庭，也向我们展示了他们的家庭共用空间。
连孩子也能看懂的收纳方法有很多。

采访 04
祈吏的家 ▶ p.104

无 印良品的堆叠式置物架被放在大门口，里面是孩子们的玩具。之所以选择这个置物架，是因为它的纵深，不会妨碍人通过。柜子里是无印良品的软包收纳箱，根据要收纳的东西，分别选择了 3 种不同的尺寸。

置物架上面放着帽子和围巾，最上层左侧是野餐垫，右侧是跳绳和小球。下层是棒球手套和背包，旁边的篮子是宜家的。

玄关处的开放式置物架

朋友们分享了更多收纳整理方法

各有不同，但都很好！

收纳用品也好，使用方法也罢，每个人都有自己的想法。因此，值得借鉴参考的也有很多。物品的摆放方式、装饰方法，根据主人的不同需求会有如此大的差别。

—— 一花的评价

从上学用品到展示区，我们拜托了全国的朋友们，请他们把自己最满意的收纳介绍给我们。

可以成为亲子间的交流纽带！

看到朋友们的收纳，根据自身性格不同，空间布局、所选物品，以及最后的成果都各不相同。对于母亲而言，收纳整理也是她们了解自己孩子的工具。

—— 阳子的评价

采访
05

学习用品的专用区

小学一年级学生的收纳整理

山口优华（长女） Ⓒ
山口智子（母亲） Ⓜ

家庭构成
父母和两女一子的
五口之家

日式居室

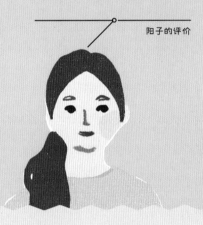

口罩和手绢　笔盒和削笔刀　文具　手工工具　黏土和蜡笔

it's adorable! Just like a doll's house

读物

课本　家庭学习习题　折纸和小珠子

Ⓒ **学习用品全在这里！**

书和课本、习题完全区分开，学习的时候把放着笔盒和削笔刀的箱子拿出来，放在旁边的桌上。

Ⓜ **我们家的爱用物**

这个柜子是我们的新婚贺礼，它原本是碗架，现在变成女儿放书包的架子。从大门进来立刻就是榻榻米房间的架子，容易让孩子养成一回家就把书包放在这里的习惯。桌子底下放了垃圾箱和装画纸的袋子。

阳子

碗架的再利用非常厉害！学习用品和手工工具全部分门别类地统一存放，不费吹灰之力就能找到。

行装单品的开放式收纳

小学一年级学生的收纳整理

敦冈柚朱（长女）Ⓒ
敦冈优实（母亲）Ⓜ

家庭构成
父母和两个女儿的
四口之家

自己刷的架子　外套　作品和宝物　**孩子的房间**

正在穿的衣服
（常穿的衣服）

反季衣服　　　　　被子（自己拿取）

Ⓒ 喜欢叠衣服

放在开放式柜子和放在抽屉里的衣服，叠法是不一样的。开放式衣柜可以让我看到有什么衣服，衣服变小或者不亲肤的话也方便告诉妈妈。

Ⓜ 目标是开服装店！

女儿很擅长叠衣服，比我还讲究完美的收纳。她的衣服是开放式收纳，就和服装店一样排列起来。遇到极端天气，她也能自己从抽屉里选衣服。我从中感受到了女儿的自我管理能力。

> 阳子
>
> 排列整齐，真的很有服装店的感觉！虽然我基本上都是把衣服叠起来放进抽屉里，但是像这样就不用拉开抽屉，可以直接拿取。

能搬运的漫画专用箱

小学四年级学生的收纳整理

小优（女儿）Ⓒ
诺里（母亲）Ⓜ

家庭构成
父母和一双儿女的
四口之家

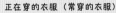

正在穿的衣服（常穿的衣服）

孩子的房间

共有的玩具（乐高）

女儿的玩具　　儿子的玩具

Ⓒ 想让大家一起开心

因为家人都想看漫画，所以就选了能搬运的箱子。整理乐高的时候发现还有多余的箱子，而且箱体上有手柄孔方便搬运，于是把漫画放进去试了一下刚刚好。

Ⓜ 经常用到的箱子

姐弟俩都很喜欢乐高。之前他俩说："乐高散得到处都是，都不想玩了。"于是用宜家的整理箱一边整理一边玩。女儿也把自己的漫画书整理进这种箱子里，这样就可以把书从儿童房搬到客厅，在喜欢的地方看了。

> 阳子
>
> 选择有手柄孔的收纳单品，就能够轻松、安稳地搬运收纳的东西了，这一点很棒！比起两手托着箱底搬运，能好好握住的感觉更让人安心。

客厅

为了不让玩偶掉下去，配合玩偶的大小调整支撑杆之间的间距。

玩具上的挂绳穿在支架上，这样能提高收纳率，同时也能体会到看着玩偶晃晃悠悠的快乐。

采访 08　毛绒玩具展示区

小学五年级学生的收纳整理

© **为了展示完全**

如果把玩具放进箱子里的话，既让我有压迫感，也让我觉得玩具很可怜。如果挂着或者放在支撑杆上的话，既整齐又好拿，而且一眼就知道玩具的数量。

Ⓜ **有限空间的特点**

我们家没有儿童房，就在客厅给他们各自设计了一个置物空间。正是有限的空间，才培养了每个孩子的想象力和行动力，以及他们所拥有的世界观。

石山绯奈子（女儿）©
石山可奈子（母亲）Ⓜ

家庭构成
父母和一双儿女的
四口之家

阳子：似乎听到毛绒玩具们在说："谢谢你把我们放出来！"能感到绯奈子对物品的温柔。纵深很浅的情况下，能保证这样的收纳量很了不起。

采访 09　三个展示架

小学五年级学生的收纳整理

阳子：写着"今日香味"的板子和时常改变的室内装饰，也可以成为家人之间交流的方式！决定位置时还考虑了是否方便取用，很了不起。

动漫周边和作品等装饰物会经常变换。

无印良品的堆叠置物架

儿童房

收到的礼物、照片等充满回忆的东西

高度约160厘米

把隔板固定在柜子上防止倒下

约120厘米

约90厘米

隔板架和盒子

© **每一个区域都下了功夫**

手够不到的最上层放着充满回忆的东西，香薰喷雾因为要加水，所以放在最好拿的下层。无印良品的亚克力收纳用品是透明的，干净整洁，让人心情舒畅。

Ⓜ **展示由女儿负责**

无印良品的亚克力分隔架和可叠加亚克力收纳盒配合起来做成抽屉，叠加亚克力收纳盒配套的隔板可以作为动漫周边的展示架使用。这些都是我想不到的用法。

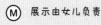

冈本美莎（次女）©
冈本绘美（母亲）Ⓜ

家庭构成
父母和两女一子的
五口之家

采访 10 纸板箱作品的保存

小学五年级学生的收纳整理

小R（代名）（次女）Ⓒ

坂根阳子（母亲）Ⓜ

家庭构成
父母和三个女儿的
五口之家

Ⓒ **只留下放得下的部分**

我喜欢用纸板箱和空盒子做手工。关于作品的去留，我和妈妈决定看柜子能放多少就留多少。大件的作品用来做装饰收纳，小件的都收在包里。

- - - - - - - - - - - - - - - - -

Ⓜ **能提升孩子能力的收纳**

我告诉孩子："虽说是你花费心血的作品，但是也不能全留下。"因为确定了收纳的规则，所以看起来她也会思考用新作品替换掉旧的。孩子们的喜好、收纳位置、整理能力，这些我都很重视。

大件作品

榻榻米房间

小件作品

孩子们学习时穿的上衣

课本等

书包

阳子：虽然作品在不断增加，但是根据作品的大小改变收纳方法，确实能把东西的量维持在一定的范围里。上学用的东西不用频繁地拿进拿出，换衣服也可以很顺利地完成。

采访 11 《人生游戏》的专属收纳箱

小学五年级学生的收纳整理

津之木隼人（次子）Ⓒ

津之木知世（母亲）Ⓜ

家庭构成
父母和两子一女的
五口之家

阳子：明明是利用了家里原本就有的东西，但是小件物品排列好以后尺寸正合适，就像专用的盒子一样。三层盒子叠在一起，还可以节省收纳空间。

Ⓒ **用4个盒子分类**

玩《人生游戏》的时候，小配件散得到处都是，很难拿取，我试着用家里原有的盒子装了起来，尺寸刚好。盒子可以摞在一起，这些盒子的组合搭配也花了心思。

- - - - - - - - - - - - - - - - -

Ⓜ **追求玩得轻松！**

儿子经常在自己的房间里和朋友们一起玩游戏。我能感觉到他是抓住了小物件的特点，让自己既玩得轻松也收拾得轻松。儿子一边玩还一边完善了物品的收纳："如果把'钱'按照金额排列，拿起来会比较方便。"

儿童房

其他玩具

《人生游戏》的板子

《人生游戏》的小物品

微型小汽车的收藏

高中一年级学生的收纳整理

铃木太一（儿子）Ⓒ
铃木智子（母亲）Ⓜ

家庭构成
父母和独生子的三口之家

收藏品被放在 3 个盒子里

Ⓒ **粗略收纳就足够了**

我的兴趣是收集微型小汽车，把自己的藏品放在箱子里，保存在壁橱里。盒盖是半透明的，可以看到里面的东西。我不太擅长详细分类，所以粗略的收纳就足够了。

Ⓜ **符合性格的收纳用品**

儿子上幼儿园的时候，这些盒子原本是装乐高和超级足球等玩具的。盒子容量很大，很适合粗线条的儿子。这些盒子还可以摞起来用，简直是个宝贝。但是，收藏的东西不能超过这 3 个盒子的容量。整理都是由他自己来做。

儿童房

喜欢的东西做装饰收纳

因为房间只有 8.5 平方米大，为了确保空间足够用，没有放床

上层是学校的教材和笔记本等，下层是运动服

阳子

十分擅长选择适合自己性格的收纳单品。并没有总是添置新的收纳单品，而是随时改变内容物，懂得灵活运用，很棒！

有讲究的追星角

高中一年级学生的收纳整理

永洼凉音（女儿）Ⓒ
永洼亚希字（母亲）Ⓜ

家庭构成
父母和一双儿女构成的四口之家

儿童房

应援用品

Ⓒ **全部可见的设置**

为了凸显统一感，收纳用品都选了白色。盒子的形状很多，为了不重复也下了一番功夫。还可以在这里放音乐听，这让我非常满足。

Ⓜ **女儿的治愈空间**

在跳舞和学习中奔忙的女儿，被特别喜欢的韩国组合的周边治愈了。在有讲究的周边存放处，女儿用了钢丝网，让所有周边的正面都能被看到。她进行着有自己特色的收纳，同时也乐在其中。

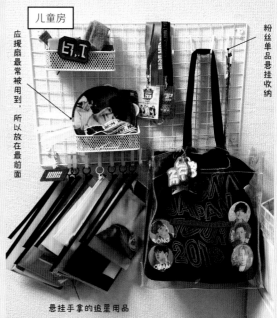

儿童房

应援扇最常被用到，所以放在最前面

粉丝单品悬挂收纳

悬挂手拿的追星用品

阳子

灵活运用了有搭扣的盒子对周边进行了分类。把东西挂起来既不占地方，又可以原样搬走，也很方便。

儿童房

阪神老虎队的应援周边

有两种用法的杂志架

采访 **14**

高中二年级学生的收纳整理

C 最新一期杂志是展示收纳

杂志的期数逐渐增加，排在柜子里的话，从外面就看不到了。但是我希望想看最新的一期的时候立刻就能拿到，所以就把它放在靠外面的位置。比较沉的杂志放在下层。

- - - - - - - - - - - - - - - - - -

M 充满个人爱好的空间

女儿的兴趣是应援阪神老虎队① 以及去家居中心挑选便利产品。她买了很多东西，就有了现在的房间。书架也是女儿自己选的。她也经常思考怎样才能让房间变得简单干净。

①日本职业棒球队。

市毛菜央（次女）**C**
市毛宪子（母亲）**M**

家庭构成
父母和两个女儿的四口之家

杂志架

床护栏上挂着钥匙扣作为装饰收纳

> **阳子** 即便是同一本杂志，无论保存还是阅读，根据目的不同，收纳方法也会改变！同时实现这两种收纳，且家具不会过度挤占空间，很完美。

利用了墙面的办公桌空间

采访 **15**

高中二年级学生的收纳整理

来自朋友的礼物

架子竖着靠在墙上的状态

C 治愈也很重要

害怕忘记做的事都写在白板上。把和朋友的照片以及信件装饰在架子上，让它们成为动力的来源。为了防止掉落，我用了价值110日元的菜谱架。

- - - - - - - - - - - - - - - - - -

M 最大限度地利用墙面！

利用 LABRICO 的 DIY 零件，一边商量一边确定了架板的位置。墙的上部是公寓特有的房梁，所以架板在墙上要用 L 形金属支架固定。为了提高架板的最大承重，下了一番功夫。下方的桌子不会显得压抑，也让女儿能够专心学习。

小R（化名）（女儿）**C**
洋子（母亲）**M**

家庭构成
父母和两女一子的五口之家

儿童房

纪念照

白板

教材和参考书放在课桌旁边

学习用品

> **阳子** 即便是很浅的纵深，只要下功夫，照样能收纳很多东西。这个空间就证明了这一点。学习用品和充满回忆的东西在安放时充分考虑了防止掉落的办法，很棒！